JN093164

いまを知る、現代を考える　山川歴史講座

情報・通信・メディアの歴史を考える

貴志俊彦・石橋悠人・石井香江
編

山川出版社

監修
吉澤誠一郎・池田嘉郎

目次

イラスト　山井教雄

情報・通信・メディアの歴史を考える

序章　情報・通信・メディアの歴史を考える

貴志　俊彦

現代は、過去の人類史とは異なり、膨大な情報がグローバルに伝達され、消費され、そして忘れ去られる時代であるといえるでしょう。私たちの生活や社会は、これまでいかに情報化の渦に巻き込まれ、今後どのような未来に向かうのか、また情報通信技術（ＩＣＴ）の進化に対応するためにどのような能力が必要であるのかを考えることが、本巻の大きな課題です。

情報の歴史を考える

これまでの歴史教育では、情報通信の歴史が見過ごされてきたようです。しかし、人工知能（ＡＩ）の技術開発によって急速にデジタルトランスフォーメーション（ＤＸ）が進む現代社会では、冒頭にあげた課題を考えていくためにも、情報技術とともに、情報化の歴史を学ぶことが必要不可欠であることが認知されるようになりました。

たとえば、高校のカリキュラムでは、二〇二二年四月から新たにプログラミングや情報デザインな

アメリカの発明家モールスは、1837 年に最初の電信機とモールス信号を考案しました。

どを学ぶ「情報Ⅰ」が文系、理系とも必修科目となっただけでなく、大学入学共通テストの科目になりました。さらに、その翌年度からは、データサイエンスの基礎などを学ぶ「情報Ⅱ」が選択科目として設定されています。これは画期的な教育方針の転換であるといえます。このように高等教育において、文理の壁をこえて情報学を学ぶことが義務化されたのは、現代社会において、複雑かつグローバルな問題の解決に情報機器をあつかう能力を高めることが、必須のスキルであると考えられるようになったためです。

また、私たちに届く情報が正確であるとは限らないこともあります。情報の偏向や、それがもたらす倫理的・社会的な問題の歴史を学ぶことは、自分自身が情報の洪水に流されることを避け、またフェイクな情報にまどわされることを防ぐためにも非常に有用です。こうした情報化の弊害を克服する必要性も、ようやく教育や研究の場でも理解されるようになってきたのです。

とくに留意すべきことは、情報通信技術の発展が歴史的な出来事と密接に関係していることです。本巻の第一章では、十九世紀以降にグローバルな電信網がどのように誕生したのか、その用途について論じています。大英帝国が世界帝国を形成しようとした際に、航海の安全と円滑な情報伝達を目的に電信網が発展しま

情報学が義務化された理由

- 複雑かつグローバルな問題の解決に、情報機器を扱うスキルが必須と認知された。
- フェイクなど情報化の弊害も克服する必要性が高まっている。

した。また、政府や軍事組織間の情報伝達を効率化するためにも、電信が重要な役割をはたしました。

さらに、大英帝国によって布設されたグローバルな情報網の成立は、技術的な発展とともに、時間や空間に関する科学・技術、考え方や意識、制度に大きな影響を与えたことも指摘されています。現代社会を形成する上で非常に重要なことですが、時間と空間の概念が世界標準化する中で、グローバルな情報網がはたした役割についても考えるべきなのです。

通信の歴史を考える

情報通信の歴史は、情報伝達の範囲を拡大し、スピードを加速化させるための技術の発明や産業化によって進化してきました。電気や電波の発明により、電信や電話、ラジオ、テレビ、インターネットなどの通信技術が発展し、情報通信メディアやマスコミュニケーションの産業が成立しました。

しかし、これらの技術を操作し、通信を実現化するのは人間であることを忘れてはなりません。新しい情報通信技術の産業化には、企業経営が欠かせず、新たな資本、技術、労働力の投入が必要となります。人工知能など高度な情報

「見えない労働」と情報通信技術の産業化

・職業別のジェンダーの違いが、男女間の力関係に及ぼした影響を知ろう。
・通信技術の操作・管理は、「人間主体」が重要であることを忘れずに。

技術が進展する現代にあっても、この点は変わりありません。人間が主体となって通信技術を操作し管理することで情報が構築され、ストックされ、伝えられていく（フローする）のです。

第二章では、この点を明らかにし、人間主体の重要性を強調しています。とくに、電信・電話業務のオペレーターが携わる「見えない労働」における女性の役割に注目しています。電信技手に男性が多かったのに対して、電話交換手には女性が多くを占めており、こうした職業別のジェンダーの違いが、職場のあり方や男女間の力関係にどのような影響を与えたのかを考察しています。これは二十世紀初頭だけの問題にとどまらず、現代にいたる問題としても考えられる内容です。

また、女性が情報通信業務において果たした労働を通じて、ジェンダーバイアスを克服しようとする意欲的な目的をもった研究成果としても理解していただければと思います。通信技術の進化とともに、人間主体の重要性やジェンダーの問題についても考える必要があることを強調しているのです。

メディアの歴史を考える

メディアの歴史は、情報通信技術の進化と社会的・文化的な変化との相互作用によって形成されてきました。とくに産業化された写真電送という画像の伝播技術は、一九三〇年代に日本と東アジア、日本と世界を結びつけ、戦況ニュースの報道や国家間のイメージ形成に大きな影響を与えたと考えられます。

この技術は、当時のマスコミによって積極的に利用され、戦前の日本や東アジアの通信メディアに革命をもたらしました。とくに戦況ニュースの報道においては、写真電送が即時性と迅速性をもつことから、戦地からの写真を日本や世界中に伝えることができるようになりました。これにより、戦争の状況や戦果がリアルタイムで報道され、国民の関心や興味を引き、戦争の遂行や戦争観念に影響を与えたのです。

また、写真電送を利用した写真ニュースの報道は、ナチスの第三帝国に端的に見られるように、国家間のイメージ形成にも影響を与えました。戦前、写真電送を活用したニュース報道は、国家の軍事力や威信を強調するとともに国家や地域、民族のイメージを伝達するために利用されていたのです。

ただし、写真電送の画質にはつねに問題が生じ、ニュース写真として紙面に掲載するには、写真や画像を加工するフォトレタッチという作業が不可欠でした。この作業により、電送された写真にさまざまな意味が付与されることになったのです。

歴史学の立場からみてみよう

情報・通信・メディアの歴史を考えることは、産業や技術の発展だけでなく、情報の役割や影響を歴史的な出来事に結びつけて解析することができる点で重要です。情報や通信技術は、社会や文化の変化をうながし、歴史の転換点を生み出す要因となることがあります。たとえば、戦争や政治の決定、文化の変容、経済の発展などは、情報や通信の発展と密接に関連しています。
また、最後の座談会でも話し合われていますが、情報通信の歴史を学ぶことで、現代社会や未来の社会における情報通信の役割や可能性についても考えることができます。人工知能の発展など、情報技術の進化は急速に進んでおり、これによって今後も人間の役割や社会の変化がもたらされるでしょう。歴史的な事例をもとにして、情報技術が人間社会に与える影響を予想し、それに対する対応策を考えることができるかもしれません。ただ、今後の情報技術の発展によって、コンピュータそのものが形骸化し、時代遅れになる可能性も考えられます。

情報・通信・メディアの歴史を考えることは、歴史学の視点から現代社会や未来社会を見つめ直し、人間の役割や社会の進化を考える上で重要な学習の一部であるといえるのです。

情報・通信・メディアの歴史を学ぶ意義

- 情報の役割や影響を歴史的な出来事に結びつけて解析することができる。
- 歴史学の視点から現代社会や未来社会を見つめ直し、人間の役割や社会の進化を考える。

第一章

世界的な電信網の誕生と時間・空間の変容

石橋　悠人

本巻は情報・通信・メディアを歴史的に考えることを課題とし、とくに十九世紀から二十世紀の電信・電話技術と社会の関係を論じます。そこでまず、議論を進めるための準備として、十九世紀に世界的な電信網がどのように誕生したか、を確認することから始めようと思います。情報通信の歴史の中で、電信の登場はどのような意味で画期的だったのでしょうか。

高校の教科書『歴史総合　近代から現代へ』(山川出版社)では、「十九世紀後半に発見・考案された科学理論や技術は、どのような影響を社会に与えたのだろうか」(五一頁)という重要な問いが示されています。確かに十九世紀は、科学・技術・医学などのさまざまな分野で、めざましい発展が認められる時代であり、それが社会に及ぼした影響もそれまでの時代よりもはるかに大きいものでした。その中でも、世界的な通信の手段として普及した電信は、遠方への情報伝達の速度を格段に高め、いくつもの領域に多大なインパクトをあたえました。

本章では、そうした電信の到来がもたらした多彩な影響の中で、とくに時間と空間の経験や制度の変化との関係に注目しようと思います。なぜ、電信と時間・空間が関係するのでしょうか。実は電信とそのネットワーク

第1章のPoint

- 19世紀以降にグローバルな電信網が形成される過程とその用途に着目する。
- 天文台の時間を地域や国家の基準として利用するために、電信は不可欠だった。
- 電信網の普及が、近現代における時間と空間の基本的な枠組みである、本初子午線と世界標準時の制定をうながした。

の発展は、人々が時間と空間を正確に計測し、利用することをうながしていたのです。さらに、電信網の広がりは、本初子午線と世界標準時の成立にも深く関わっています。これらの制度は、近現代における時間と空間のもっとも基本的な枠組みと考えられます。そのことを論じていくために、まず電信網が広がっていく様子を見ることにしましょう。

1　世界的な電信網はどのように生まれたのだろうか

電信による情報伝達の到来

一八三〇年代にイギリスからインドに情報を伝えようとすると、手紙を使うことが一般的でした。アジアに向かう商船ではこばれる手紙は、まだスエズ運河が開通していない時代なので、アフリカ大陸のケープ植民地を回るか紅海近辺の陸上路を通って、四~六カ月かかってインドの目的地にとどきました。一八五〇年代には、同じようにイギリスからの手紙は、フランスを汽車で通過して、汽船でアレクサンドリア、そしてスエズにはこばれてから、ふたたび汽船でボンベイ(ムンバイ)やカルカッタにとどけられました。この時点でも、おおよそ三〇日から四五日かかりました。しかし、一八七〇年代までにヨーロッパとインドを結ぶ電信ケーブルが敷かれると、わずかに数時間でメッセージが伝わるようになります。十九世紀の中頃に、遠距離間の情報伝達のあり方は大きな変化をとげたのです。

もちろん、それ以前の時代から長距離間のコミュニケーションには、多様な方法がとられていました。たとえば、古来の手段である狼煙（のろし）や松明（たいまつ）にたよることができました。また、十八世紀以降の西洋諸国では、郵便サービスが拡大し、馬車を使うことで輸送の速度が高まりました。電信が登場する十九世紀中葉以降にも、国内や国外への情報伝達の信頼性と利用量という観点からみると、陸路・海路ではこばれる郵便物の重要度は引き続き高かったといえます。とくに鉄道や汽船の時代には、世界のさまざまな地域に郵便物がはこばれる速度は大幅にはやくなりました。

そのため、電信ほどの迅速さや急を要さない連絡をはじめ、長文・複雑な内容の情報を伝えるには、手紙のほうが便利でした。電報ではやはり短文が推奨されます。単語ごとに料金が増えてしまうからです。電信による長距離の情報伝達が実現したからといって、郵便物が時代遅れになってしまったわけではなく、利用者は時と場合で使い分けていたと考えられます。手紙と電信は補完関係にあったといえるでしょう。

さらに郵便とは別の伝達手段として、電信が実用化する直前に広がりつつあった遠距離の通信技術があります。一七九〇年代、革命期のフランスで発明家クロード・シャップが開発した腕木（うでぎ）信号をご存知でしょうか。**図1**に見られる通り、これは大型の可動式の腕木を掲げて、その形によって文字を表わすコードを伝えるものです。その腕木を別の基地から望遠鏡で確認して、メッセージを読み取る

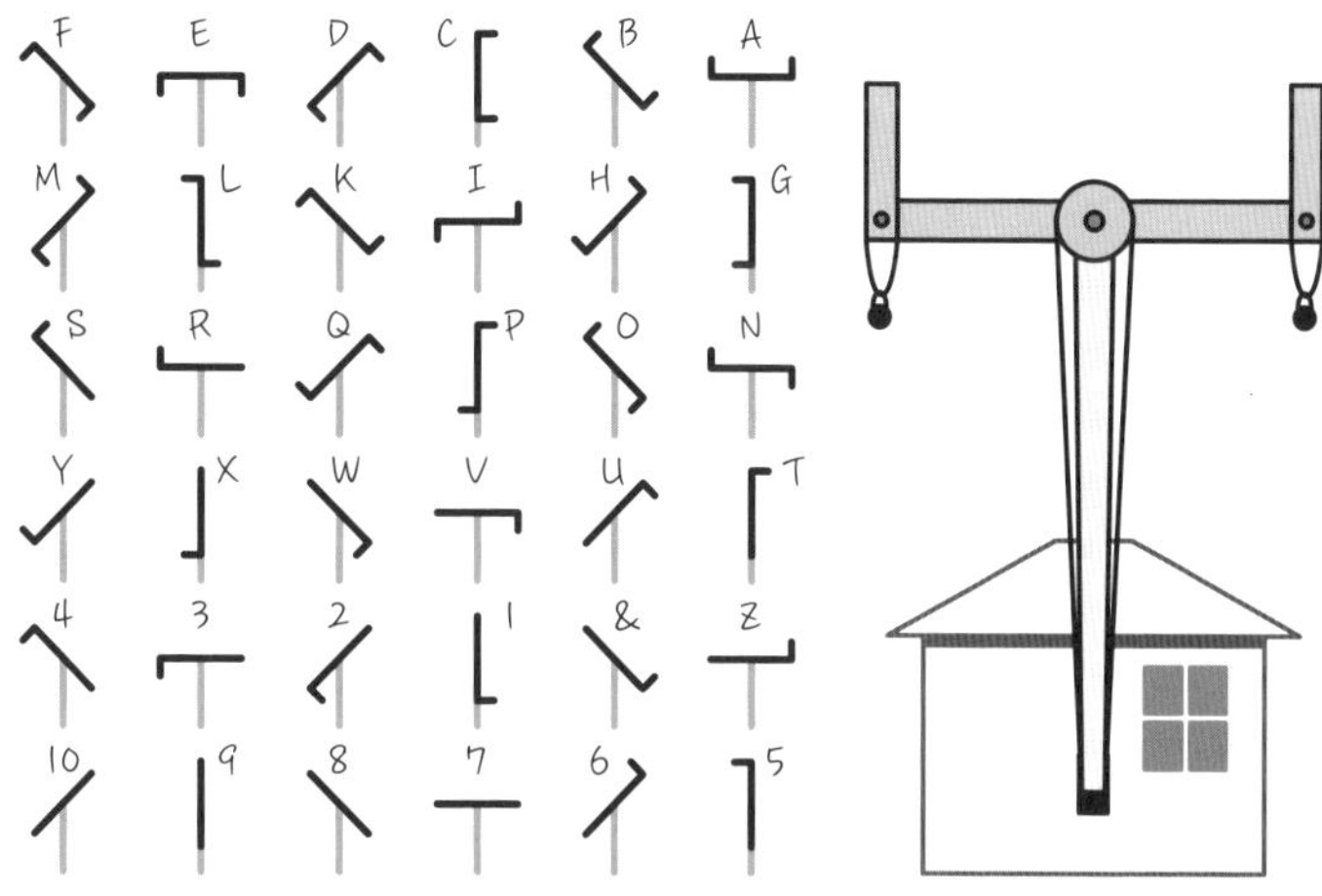

腕木信号

1790年代にフランスの技術者クロード・シャップが開発。可動式の大型の腕木を操作することでさまざまな形状のコードをつくり出し、他の通信基地から望遠鏡で確認することで信号を伝える。多くの基地でこの手続きを連鎖的に繰り返すことで、遠方の場所へ情報を届けることができた。

図1　腕木信号の中継基地

〔出典〕Louis Figuier, *Les Merveilles de la Science ou Description Populaire des Inventions Modernes 2*, Paris, 1868

視覚的な技法です。ナポレオン政権の時代以降、フランスでは軍事情報の伝達や国内の安定的な統治のために、全国的な中継基地からなる通信網がととのえられました。

　腕木信号は遠隔通信の速度を高める発明として期待され、フランスのみならず西洋諸国でもある程度は利用されていきます。しかし、いくつかの弱点がありました。正確で迅速な伝達のためには、視界が良好であることが必要であり、夜間や悪天候時には使うことができません。また、望遠鏡で見ることができる範囲に設けられた中継基地を、次々と経由する必要があるため、おくることができる情報の量や速度は電信とくらべると制約が大きいものです。さらに中継基地が必要になることから、海をこえた通信網をつくることができず、陸上に限定した利用にとどまる点も、克服し難い弱点でした。しかし、まさに腕木信号のネットワークがしだいに拡大していく時期に、ヨーロッパ諸国とアメリカ合衆国で、電気と磁気に関する科学が長足の進歩をとげ、電信の時代への道が切り拓かれるのです。電気によって情報を伝えるという考え自体は、十八世紀にまで遡ることができますが、十九世紀初頭以降にその成果が続々と登場します。

　たとえば、アレッサンドロ・ボルタによる電池の研究、ハンス・クリスティアン・エルステッドによる電流の電磁作用の発見は、電信を実用化するために不可欠でした。高校世界史の教科書にも掲載されている科学者マイケル・ファラデーは、この時期の電磁気学を牽引した大家であり、多様な実験と精力的な研究を通して電磁誘導の法則をはじめとする数々の重要な発見を残しました。これも電信・電気技術の発展と普及に大きく貢献するものでした。

電磁現象の研究が発展するにつれて、情報を伝えるためにこれを応用しようと考える科学者や技術者たちが登場します。そして、一八三〇年代に電信はいよいよ実用化の局面をむかえます。まずドイツでは、高名な科学者カール・フリードリヒ・ガウスとヴィルヘルム・ウェーバーが、電磁式の電信装置を製作しました。イギリスでは、ウィリアム・クックとチャールズ・ホイートストンという二人の発明家が協働し、一八三七年にロンドンの鉄道路線を利用した実験で電信の実用性を証明します。イギリスでは、電流の到達によって、検流計(電流を検出する装置)がボード上のアルファベットをさすことで、文字を伝えるシステムの開発が進みます。**図2**は、そのような技術の一例として、ホイートストンが製作した装置をえがいたものです。

同じ頃、アメリカ合衆国でも、発明家サミュエル・モールスが、符号化された文字コードを研究し、一八四四年に首都ワシントンとボルチモア間で電信の送信実験に成功します。電流を

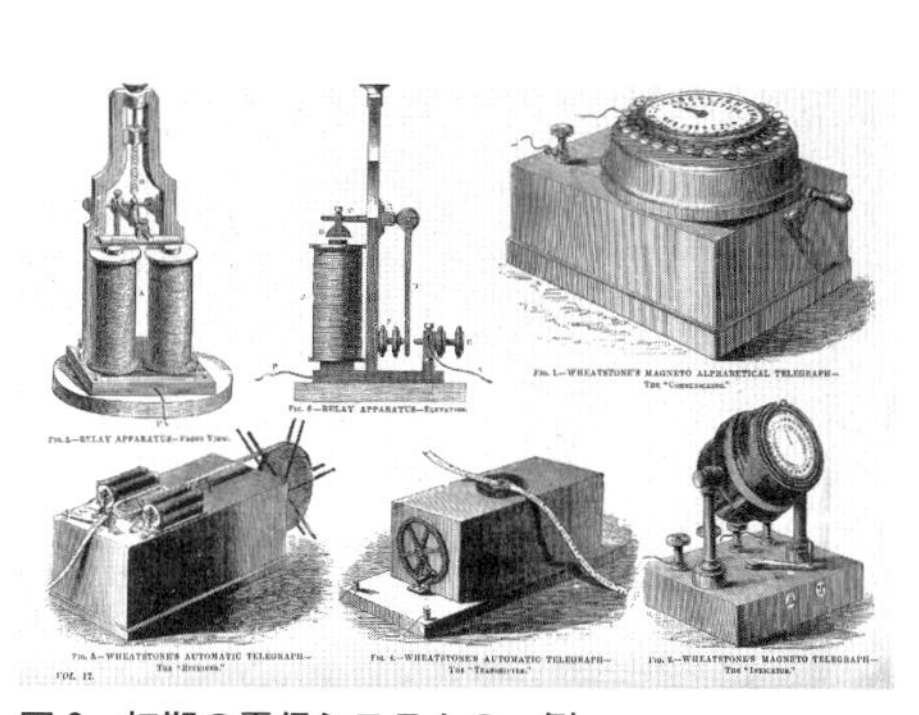

図2　初期の電信システムの一例

〔出典〕Wellcome Collection (Public Domain)

受信してアルファベットに変換する装置も、新しいものが次々と開発されます。とくに有名なモールス符号は、国際的に標準化されたシステムとしてその利用が広がりました。ダッシュと短点の組み合わせで文字が表わされ、その集まりにより言葉が組み立てられるしくみです。こうして一八四〇年代には電信の商業化の端緒がひらかれ、欧米諸国では先ほど述べた腕木信号ではなく、電信網の敷設の時代に突入するのです。

それまでの情報伝達の手段とくらべて、電信にはどのような長所があったのでしょうか。ここで電信によるメッセージ送信の方法を確認しておきましょう。利用者が紙に書いたメッセージは符号化され、電信線に向けておくられ、受けとる側のオペレーターによって解読され、対応する文字に書き直して宛先に配達されます。電信の大きな特徴は、離れた場所への情報の流れを、人、動物、郵便などの物理的な移動から切り離した点にあります。情報を電気信号に変え、電流が通じるワイヤにおくりだすことで、別の場所にとどけることができるようになりました。電流は光速で移動するので、たとえば徒歩や馬車で移動する郵便、船で人がはこぶニュースよりもはやくに、情報をとどけることができます。

もちろん、太鼓や狼煙を連鎖的に用いる方法や腕木信号も、モノや人の移動にたよらずに遠隔地に情報を伝える方法でした。しかし、互いに視覚的に観察できる範囲でしか有効ではなく、より複雑なメッセージを遠くにとどけるとなると、やはり電信の速度と地球規模に広がるケーブルに多くの利点があることは明らかです。

世界的な電信網をつくる

それでは、電信はどのような経緯で、世界的に普及したのでしょうか。一八四〇年代から西洋諸国に電信網がしだいに広がり、一般のメッセージや商取引の情報、外国のニュースを伝えるために利用されていました。電信技師や企業家たちは、当初より海峡をこえたケーブルの敷設に意欲をもっており、国内のネットワークが拡張していくにつれて、国家間を海底ケーブルで結ぶことが課題となりました。

そのような試みの出発点となるのが、一八五〇年代初頭の英仏海峡を横断する海底ケーブル計画です。この事業が進められる中で、電信線を水中に設けるために、東南アジアに生育するガッタパーチャと呼ばれる樹木から採取できる樹脂を絶縁体として、ケーブルをコーティングする技術が用いられたことは画期的でした。**図3**は、現地住民がガッタパーチャを採取している様子をえがいたものです。このようなコーティングの技術は、海底ケーブル製造の標準的な方法として定着します。

こうして英仏海峡にケーブルが設けられると、翌年にはイギリスとベルギーやオランダ、アイルランドの間にも電信がつながりました。ヨーロッパ諸国でも、ネットワークが広がっていきます。諸地域で電信網が拡大していく中、次なる大きな挑戦となったのが、大西洋をこえて北米大陸と接続することでした。そのために、アイルランドとニューファンドランド間を結ぶルートが決定され、海底の調査もおこなわれました。しかし、この事業は、英米の投資家や実業家たちから資金をえて推進されましたが、数多くの技術的なトラブルに直面し、容易には実現しませんでした。

ようやく一八五八年になって、最初の大西洋ケーブルがニューファンドランドとアイルランド間で敷設されました。**図5**は大西洋でケーブルを投下する巨大な汽船をえがいたものです。しかし、当初からこのケーブルを通過する信号は微弱で、大きな遅れも発生していました。それればかりか、わずかに数週間しかもたずに完全に故障してしまったのです。**図6**は、イギリスで好評を博していた風刺雑誌『パンチ』に掲載されたイラストで、その失敗の様子を皮肉る内容になっています。大洋をこえる海底電信ケーブルの普及は、必ずしも順風満帆に進んだわけではありませんでした。

しかし、この失敗についての徹底的な原因究明が科学・技術者たちによっておこなわれ、海底電信技術の研究は確かに前進します。

図3　ガッタパーシャの樹脂採取

〔出典〕Charles Bright, *Submarine Telegraph*, London, 1898

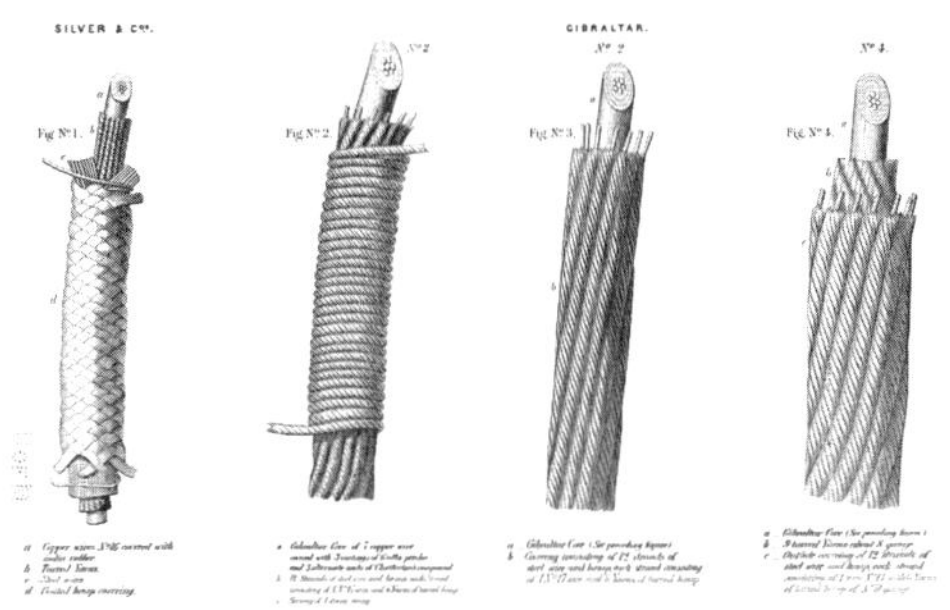

図 4　電信ケーブルの例

〔出典〕Report of the Joint Committee to Inquire into the Construction of Submarine Telegraph Cables, British Parliamentary Papers, 1861

図 5　大西洋ケーブルを敷設する蒸気船

〔出典〕The Metropolitan Museum of Art (Public Domain)

図 6　大西洋ケーブル失敗の風刺画

〔出典〕*Punch*, 21 August 1858

そしていくつもの事業の計画や技術的な試行錯誤、さらなる失敗や紆余曲折を経て、ようやく一八六六年にアイルランドとニューファンドランドをつなぐケーブルがついに開通しました。長大なケーブルをはこぶために、世界最大級の汽船グレート・イースタン号が使われました。**図7**は、船上に特設されたケーブルを投下するための装置をえがいています。イギリスや西洋諸国の電信技師や実業家にとって、大西洋ケーブルの開通は世界的な電信網の可能性に対する自信を深めるきっかけとなり、ケーブル産業拡大の引き金ともなります。このように、黎明期の海底ケーブル事業は、多額の資金を集め、科学者・技術者の知識を結集し、大型の機械や汽船を用いて実行するという、十九世紀を代表する巨大な科学技術のプロジェクトだったのです。

一八六〇年代の中頃に大西洋ケーブルが設けられて以降、電信技術は円熟期に入ります。多くの敷設事業に巨額の資本が投下され、そのネットワークはペースを上げて拡大します。一八八〇年頃までに、大西洋、北海、地中海のケーブルが増設され、アジアでも東南

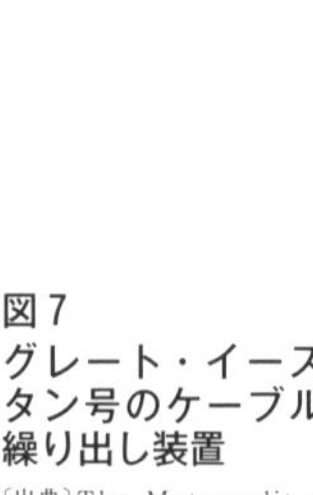

図7
グレート・イースタン号のケーブル繰り出し装置
〔出典〕The Metropolitan Museum of Art (Public Domain)

アジア諸地域や中国沿岸部にも電信が設けられました。オーストラリアでは大陸北部のポート・ダーウィンにジャワ島から接続するラインが開通し、そこからアデレイド、メルボルン、シドニーなどの主要都市にのびる陸上ケーブルも敷設されます。

一八七一年にはデンマークのグレートノーザン電信会社により、長崎・上海間、長崎・ウラジオストク間に海底線が敷設されます。これにより、日本はヨーロッパにつながる通信線をえることができましたが、同時に西洋諸国が手中におさめる世界的な電信網に組み込まれてしまったともいえます。一八七〇年代には、日本国内の電信網もしだいに整備され、主要な都市に電信局が設けられました。こうして日本でも、電信の時代が開幕したのです。二十世紀の日本における電信と労働・戦争の関係については、本書第二章と第三章がくわしく論じています。

ヨーロッパは大西洋を経由して、南米大陸やカリブ海諸地域とも結ばれています。電信ケーブルは南アフリカの港町ダーバンにもつながり、グローバルな電信網の中にサハラ以南の地域が接続することになります。**図8**と**図9**は、アフリカ大陸に設けられた電信局です。このような通信基地が、世界各地に設けられ、人々の電報を取扱いました。その後も、一九〇二年にはカナダのブリティッシュ・コロンビアからフィジーなどの島嶼(とうしょ)を経由して、オーストラリアとニュージーランドに到達する太平洋海底ケーブルが完成するのです。こうして二十世紀初頭までに、世界の各国家や地域内の電信網と海洋を越境する海底ケーブルからなる世界的な情報通信網が誕生しました。

電信の用途と情報網の独占

それでは、電信はどのような目的に利用されたのでしょうか。その用途は多岐にわたります。たとえば、友人や家族に電報をおくることに始まり、鉄道の運行に関わる信号を路線内で共有することや、商取引に関する情報を伝えることにも役立てられました。商品や金融市場の動向をいちはやく把握することは、利益を上げるために重要ですが、そのためにも電信による報告が用いられています。世界各地で生じる、政治や経済に関するニュースの報道が、遠隔地に迅速に提供されるようになった点も大きな変化といえるでしょう。

ニュースの提供といえば、国際通信社が登場したことにふれないわけにはいきません。国際通信社とは世界各国に支局をもち、さまざまな情報やニュースを収集した上で、それを政府、新聞、他の通信社、放送局などに提供するマスメディアを指します。十九世紀にはロンドンを本拠地とするロイター、フランスのアヴァス、ドイツのヴォルフが三大通信社として発展しました。これらの通信社は、海底ケーブルを有効に用いて情報を配信し、報道のサイクルを加速化させ、世界の情報を独占しました。報道やジャーナリズムのあり方に対する電信の影響は、きわめて大きかったのです。

科学の世界への影響も見逃せません。電磁現象を中心とする物理学は、電信網の拡充と相互に連動しながら著しい発展をとげました。気象観測のデータを電信によって気象局に集約するといった用途もありました。離れた場所であっても、ケーブルで接続されていれば、迅速に情報を伝えることがで

図8　イースタン電信会社の支局(スーダン)

図9　イースタン＆サウスアフリカン電信会社の支局(ケープタウン)

図10　アングロ・アメリカン電信会社の支局(アイルランド)

〔出典〕図8〜10すべて Charles Bright, *Submarine Telegraph*, London, 1898

きるという利点を活かしたものといえます。電信の歴史研究では、技術的な発展やケーブルが敷設されていく政治的な事情を解き明かすことに力点がおかれることが多くみられます。それに加えて、電信の多様な用途をさらに深く考えていくことも重要です。

この時代には、鉄道や汽船、都市部におけるガス燈・電灯の導入、上下水道の整備や公衆衛生の発展など、社会を支えるインフラに大きな転機が訪れていました。電信は情報伝達の分野で、そのような変革の先頭に立つものだったと評価できるでしょう。こうした電信の有用性について、同時代のメディアや実業家、科学者、技術者たちはしばしば「進歩」や「文明」の道具であり、世界各地の人々の「交流」や「調和」をうながすと喧伝したのです。

イギリスの著述家ディオニシウス・ラードナーは、科学・技術に関する新しい知識や発明を、一般の人々に解説する論考を多く発表したことで有名な人物です。彼は電信に関する著作の中で、次のように述べています。

近代の科学研究によって発見されたあらゆる物質の中で、生活の技法に対してもっとも豊かな可能性をもつものは明らかに電気である。この捉え難い物質の応用のなかでも、電信はその結果において並外れた称賛に値し、人々の社会的な関係や文明の拡散、そして知識の普及に対してもっとも重要な影響を与えるものである。

電信には「近代性」が深く刻印され、文明化のための手段だとアピールされたのです。電信が世界

Queen Victoria
大英帝国
No-rid

的に受容された背景には、こうした西欧の文化的な価値観の広がりが重要だったことも見逃すことはできません。

しかし、電信の実際の効果や利用方法を振り返ると、「文明」や「調和」とは異なる様相がみえてきます。というのも、電信はヨーロッパの帝国主義的な膨張と密接に関連する、きわめて政治的な技術だったからです。それを論じるために、ここではインドを事例としてとりあげてみます。

十九世紀中葉のイギリスにとって、インドへの電信ケーブルの到達は重要な課題でした。それを浮き彫りすることになったのが、植民地支配に抵抗する一八五七年の大反乱です。一八五〇年代からカルカッタ、ボンベイ、マドラスなどを結ぶ広範囲の電信網が構築され、植民地の行政や統治に利用されていました。大反乱の際にも、イギリス側はそのネットワークを用いて反抗や戦闘の情報を伝え、軍隊を移動させています。しかし、大規模な反乱は、イギリス帝国の防衛と安定に大きな衝撃をもたらす出来事であり、ロンドンとインド間に電信ケーブルを設けることで、情報伝達の状態を改善することが不可欠になりました。

一八五〇年代末から六〇年代初頭にかけて、政府や民間企業による敷設事業はいずれも成功せず、ようやく一八六五年に、ペルシアとオスマン帝国を通過するルートとロシア回りの北方ルートが形成されます。**図11**は、ペルシア湾にケーブルを敷設している様子をえがいています。多くの現地住民が担い手となっていることがわかります。しかし、これらのラインでは伝達速度が十分ではなく、また

図 11　ペルシア湾におけるケーブル敷設の様子

〔出典〕*Illustrated London News*, 1 July 1865

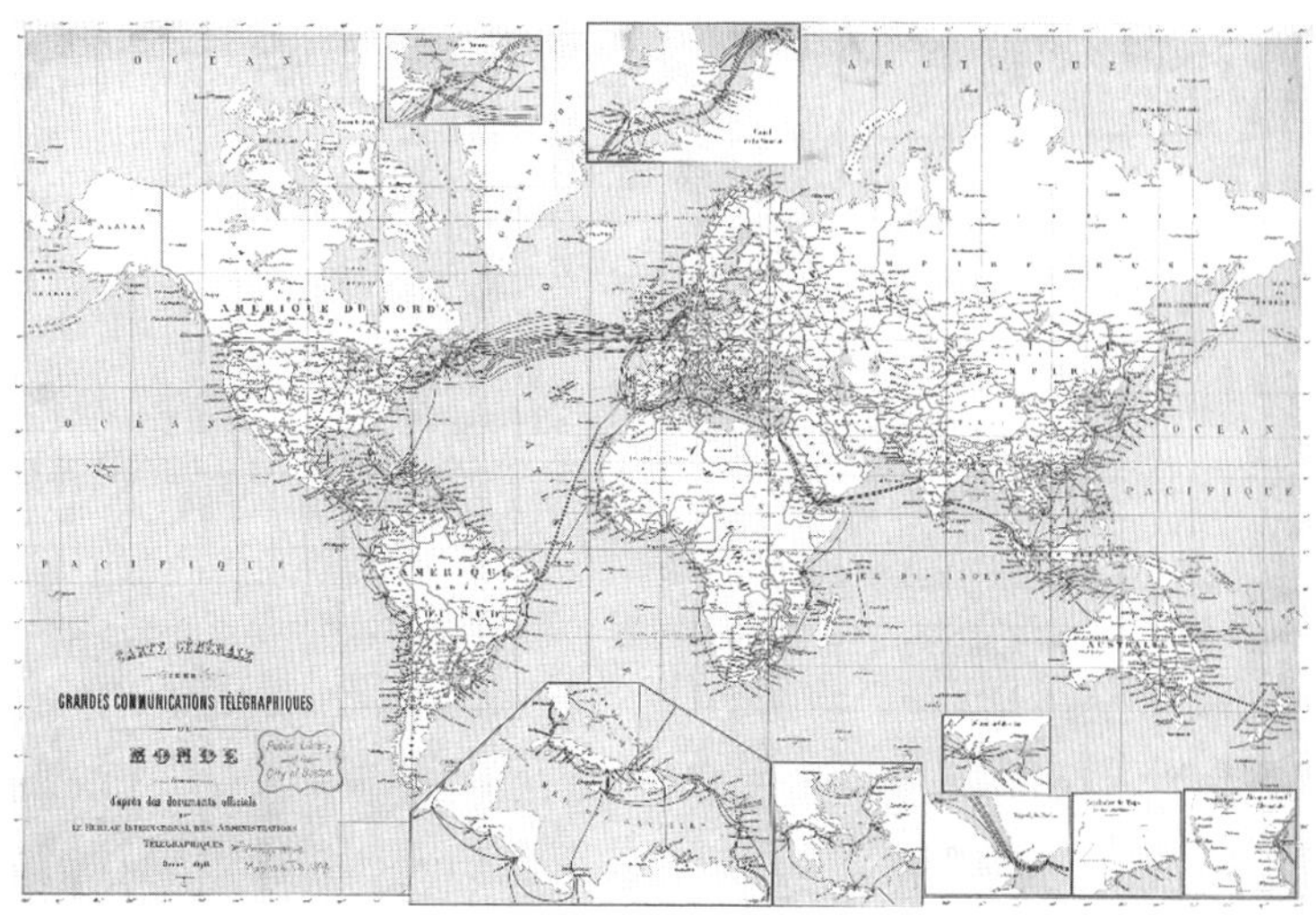

図 12　電信ケーブルの世界地図(1898 年)　ケーブルは黒線でえがかれている。

〔出典〕Map reproduction courtesy of the Norman B. Leventhal Map & Education Center at the Boston Public Library

外国の領土を通過することによりさまざまな不安定な要因があるために、インドと直結するラインの構築が求められました。そのため、一八七〇年には、ロンドンからベルリン、ワルシャワ、オデッサ、黒海、テヘランを経由してペルシアのラインにつながるケーブルが敷かれます。これにより、インドに直結するラインが開通したことで、情報伝達にかかる時間は大幅に減少しました。広大な帝国を維持するために、イギリスはこのような新しい通信網に依存していたといえるでしょう。

もう一点、**図12**に示されているように、電信網は確かに世界的に普及しましたが、その敷設や管理の担い手、ケーブルへのアクセスの可能性は、均等に広がっていたわけではありませんでした。世界最大の版図を有すイギリス帝国の民間企業は、ときに政府とも連携しながら、本国と植民地や周辺地域をケーブルで結びつけることにきわめて精力的に取り組みました。第一次世界大戦の頃まで、イギリスは電信の専門知識、ケーブルを敷設するための船、その他の技術で他国に対して優位性を築き、海底ケーブル産業を支配しました。さらに技術者をインド、オーストラリア、日本など各地に派遣して、電信システムの移転をうながします。十九世紀末には「オールレッドルート」と呼ばれる、イギリス領のみを通過する世界的なケーブル・ラインの形成が追求され、海運や貿易によって栄える海洋国家の情報通信網として利用したのです。

帝国の首都ロンドンは、国内と世界的な電信の双方で、もっとも中心的なハブとして機能していました。ロンドンには国内で最多の支局が設けられ、その数は他都市を圧倒しています。首都で働く政府の役人や商人、銀行家、経営者、ジャーナリストたちが、迅速な情報の伝達を求めて電信にたよっていたのです。世界でももっとも多くの電報が、ロンドンで発信・受信・転送されていたと考えられます。

イギリスのみならず、世紀末にはドイツやフランスもケーブル産業と敷設の範囲を拡大し、植民地統治や政治・軍事的な目的に用いました。これらの国々も、国際通信社を通して情報の提供や流通を支配することで、情報通信の世界において優位な立場をえました。戦時下において、情報の統制と管理がいかに戦略的な手段になりえるかについて、本書の第三章が二十世紀前半の日本を例にくわしくえがいています。世界的な通信網の形成は、一面では確かに均質的な情報伝達の可能性を大きく切りひらくものでしたが、それだけではなく、同時に情報網へのアクセス面で重大な格差を生み出していたのです。

2　電信は世界の時間にどのような影響をあたえたのだろうか

電信と時間の関係

世界的に電信網が広がっていく十九世紀後半は、時間や空間に関する科学・技術、考え方や意識、制度が大きく変化した時代です。多様なデザインの機械時計が量産されるようになり、世界各地で流通が増し、階級をこえた商品として消費されます。諸国で鉄道の敷設が進んだことで、時刻表にそって利用する人々の時間意識がより細かく、そして厳密になるような効果が生まれました。産業革命を経て本格化した工場労働の普及によって、時間に関する意識が強まったとも考えられます。あらかじめ決められた時刻に、出勤・休憩・退勤を集団的におこなう労働のスタイルが徐々に定着していきます。進歩や進化という時間軸を中心とした考え方に基づき、「進んだ」社会と「遅れた」社会というような区分で、世界の国家や社会の違いを理解する見方が広がりをみせていきます。

さらに、西洋諸国の帝国主義や移民の増加により、西洋の時間に関する概念・技術・制度、そして時間厳守の意識などの価値観を、世界各地に拡散することがこころみられるようになります。現地社会の時間を変えるために、時計を輸出したり、時間厳守の意識を強調したりして、時間の枠組みをつくり変えようとしたのです。そのように押しつけることは、文化的な意味での帝国主義の重要な手段であり、植民地に住む人々

19世紀後半、時間に関する技術・意識・制度の変化

- 多様なデザインの機械時計が量産されるようになる。
- 諸国で鉄道の敷設が進み、時刻表の重要性がました。
- 産業革命による工場労働の普及により、時間で労働を規制するスタイルが定着。
- 帝国主義の手段として、西洋の時間に関する概念・技術・制度・価値観を「文明化」として世界各地へ拡散するこころみが進んだ。

に従来の時間観念の変革を強くせまりました。概括的にいうと、西洋とは異なる時間概念をもつ諸社会の人々に対して、時間規律や歴史をもたないという見方を投影し、西洋の時間を移植することを「文明化」と同一視するような、植民地主義のイデオロギーが普及していったのです。

もちろん、このような時間の変化に対する抵抗の動きも、当然のことながら生じています。そのため、それまで使われてきた時間からの転換が、つねに実現したわけではありません。アジアやアフリカの多くの場所で、従来からの時間の体系や制度は維持されています。一方で、近代化や工業化による発展をめざし、西洋の時間概念を受け入れる国々が存在したことも見逃すことはできません。たとえば、十九世紀後半の日本では、洋式時計の輸入や生産、そして電信・鉄道・郵便網の整備の中で、西洋の時間に関する思想や制度をとりいれます。一八七二年に発表された太陽暦(グレゴリオ暦)への改暦は、それまでの不定時法に基づく時間制に代えて、欧米諸国と同じく定時法の時間への移行をうながすきっかけとなりました。

それでは、このような時間の変化に、電信はどのように関わっていたのでしょうか。十九世紀の情報通信や交通の発展によって、時間と空間が「消滅」したとか「圧縮」されたという見方は、この時代からくりかえしいわれてきました。そのような捉え方をすべて否定するわけではありませんが、電信によって情報の伝達速度が上昇したからといって、時間の重要性がなくなったとはいえません。むしろ、そのような状況は、かえって時間を重要にしたとも考えられます。

図13はイギリス最大手のエレクトリック電信会社が、ロンドンに構えていた電信局をえがいています。多くの女性職員が働いていることがわかります。図をよく見ると、後景に大きな掛け時計がえがかれています。電信局では大小さまざまな時計を利用して、職員や利用者たちが時間を意識しながら、電報をあつかっていたと思われます。なぜなら、電信は情報伝達にかかる時間を短くすることに最大の長所があるわけですから、送信者や信号を読み取って文字に直して伝達する交換手が、信号をすばやく処理することが必要になります。それに時間がかかれば、その分だけ迅速性が失われてしまうのです。

こうしたことから、電信と時間は緊密な関係にありましたが、さらに電信が時間の正確さを期すための技術であったことや時間の標準化をうながしたことも、しっかりと理解しておく必要があります。十九世紀中

図13　エレクトリック電信会社の支局(ロンドン)

〔出典〕*Illustrated London News*, 31 December 1859

〔提供〕PPS

葉まで、西洋諸国のみならず世界の多くの場所で、その土地の子午線を基準とする時間が一般的でした。これは地方時と呼ばれ、太陽の南中を基準にした時間です。そのため、場所（経度）が異なれば、時間も異なることになります。つまり、同じ国の中でも都市・町・農村ごとに、異なる時間が流れている状態があたりまえだったのです。人々の移動の速度がおそかったため、そうした時間の差は大きな問題とはなりませんでした。

この状況に変化をもたらすのが、鉄道と電信の到来です。イギリスでは、一八三〇年代から主要都市を結ぶ幹線鉄道が敷設され、ついで一八四〇年代には地方都市を結ぶ支線網が拡大しました。鉄道は通勤や都市と郊外の接続、貨物・郵便・新聞の輸送、旅行などのレジャーの手段として、人々の生活に重大な変化をもたらします。鉄道と時間との関係については、時刻表の作成や安全な運行のために、地方時ではなくグリニッジ標準時を用いることが一般的になりました。それにあわせるように、各都市・町でも地方時から標準時への移行が進んだのです。

さらに鉄道会社では電信を通じておくる信号をいわば「時報」とみなし、路線内でおくりあうことで、正確な時間を共有する技術が普及します。ロンドンとイングランド西部のブリストルを結ぶグレート・ウェスタン鉄道は、一八五二年からこのシステムを導入しました。遠隔地に瞬時に信号をおくることができる電信の特質を存分に活かした方法といえます。電信といえば、情報を伝えるものというイメージが強いと思いますが、時間を知らせることに応用されている点が大変興味深いです。

こうした電信を時間に応用する使い方は、鉄道業界だけに限られたものではありません。**図14**にえがかれているのは、エレクトリック電信会社が、ロンドンの中心部にある支局に設けた報時球（ほうじきゅう）という装置です。建物の上部にある球形の設備に注目したいと思います。午後一時に、このボールがマストの頂点から落下しますが、それを観察することで正しい時刻を知ることができます。多くの人々の手にわたるようになっていた懐中時計の時間を正すためにも役立ちます。

グリニッジ天文台からの電送時報によって作動する報時球を、もう一つ例示しておきましょう。**図**

図14　ストランド（ロンドン）の報時球
〔出典〕*Illustrated London News*, 11 September 1852

図15　ディールの報時球（イギリス）
〔提供〕筆者撮影、2011年

15は、イングランド南東部の港町ディールの報時球です。十九世紀中頃に建設され、今でも歴史的な建造物として保存されています。もともと、報時球は船乗りたちに正しい時間を伝えることを目的としており、世界各国の港に設けられました。この装置を通して精度の高い時間を知った航海者たちは、その地点の経度を把握していれば、経度測定用の精密時計クロノメーターの誤差を正すことができます。クロノメーターは十八世紀後半に発明された機械時計で、長期間の航海でも高い正確性と信頼性があり、十九世紀までには商船や軍艦の標準装備となっていました。

報時球に加えて、電信は時計の制御にも応用されました。とくに顕著な発明が、電流をおくることで複数の時計の時刻を同一に保つ同期の技術です。この技術は十九世紀中葉以降に発展します。電信で接続した複数の時計の中で、基準とする時計の時間をほかの時計にも共有するものでした。電磁気の応用によって、振り子の振動や時計の針を調節することが可能になったことで、時計の同期が実現したのです。たった一台の精巧な時計を基にして、多数の時計の時間を均一に管理するという、電信時代に特有の技法が誕生しました。電信と鉄道の時代が本格的に訪れると同時に、人々が時間を知るための手段が多様化したといえるでしょう。

天文台と電信の結びつきがもたらすもの

電信によって時間に関する技術をあつかうことができるようになると、社会の中で基準となる時間にも変化が訪れます。とくに大きな転換が、各地の天文台で決定される時間が、電信を介して広く伝えられるようになったことです。このことを少しくわしくみていきます。

なぜ、天文台と電信が関わるのでしょうか。天文台といえば、天体の位置を観測したり、新しい星の探査や星雲の研究、天体の物理的な性質を探究したりする場所と考えるのが一般的と思います。もちろん、そうした研究は十九世紀にもおこなわれていました。それに加えて精密な望遠鏡で、毎日のようにおこなわれる観測を通して、正確な時間を決定していたのです。この手続きが天文台の重要な仕事でした。観測活動やほかの研究の中で、時間の精密な計測と利用は欠くことのできないものでした。その精度の高い時間を学者たちだけで用いるのではなく、天文台の外側、つまり社会の中で共有することを可能にしたのが電信だったのです。

そのような新しい技術を積極的に用いた代表的な施設として、グリニッジ天文台(**図16**)をあげることができます。

図16 1860年代のグリニッジ天文台

〔出典〕Edwin Dunkin, *The Midnight Sky*, London, 1868

一八五〇年代以降、この天文台は電信を用いて、定時に電流をおくる電送時報サービスを提供しました。電信会社が国内に張りめぐらせたネットワークを通して、各地の都市・町をはじめ、鉄道駅・電信局・郵便局、時計商、海軍の基地やほかの公共施設に時報がおくられます。とくに時間の管理に重きをおく場所や施設では、天文台からの時報は重宝されました。時報は広く受容され、市街地や駅舎に設けられた時計や報時球を調整・操作するための、信頼できる手段とみなされるようになります。

こうして、それまでは天文台の中だけで用いられた正確な時間が、電信を用いることでその外側の世界へと発信され、多くの場所で時間の標準としての役割をはたすようになったのです。これは国内の時間が統一化される重要なきっかけになりましたが、電信網がなければ、その過程は容易には進まなかったと考えられます。

アメリカ合衆国でも、各地の天文台が電送時報をさかんに提供しました。正確な時間は社会を組織し、規制するための手段として期待されたのです。ボストンのハーヴァード天文台の天文学者たちは、電信時報の意義にいちはやく気がつき、近隣の鉄道会社に時報を伝えました。一八五〇年代以降にはシカゴの天文台やワシントンのアメリカ海軍天文台も、周辺地域や鉄道・電信会社に時間を伝えるサービスを担っています。

もちろん、報時球や時計の同期技術も、それらのサービスと一緒に導入されました。**図17**にあるように、大手の電信会社ウェスタン・ユニオン社は、ニューヨーク本社の塔に報時球をとりつけ、天文

A WEEKLY JOURNAL OF PRACTICAL INFORMATION, ART, SCIENCE, MECHANICS, CHEMISTRY, AND MANUFACTURES.

NEW YORK, NOVEMBER 30, 1878.

ELECTRIC TIME SERVICE FOR NEW YORK.

What's the hour? In these words the time query was anciently put; and the answer named the hour, never the minute. Exact time recorders were unknown to the multitude; time was estimated rather than measured; and anything within the hour was practically close enough. The almost disused proverb, "It's always ten until it's eleven," remains to tell of the carelessness of our great-grandfathers in this respect.

Washington's reply to his secretary, who had delayed an important meeting half an hour and tried to excuse himself by saying that his watch had lost half an hour, "You will have to get a new watch, or I a new secretary," shows that the day of the proverb was then well past. Had the watch been only a quarter slow, the excuse would probably have been accepted.

With the increasing perfection of timepieces and the extension of the custom of carrying watches, the limit of tolerable variation was soon reduced to five minutes, or even less; yet the time is within the recollection of most men when, were a man to give the odd minute in response to the question "What is the time?" he would be laughed at as a prig who wanted to show off his watch as something uncommonly fine. Now it is no unusual thing to hear men name the nearest second, and qualify the remark by saying that their watch is two or three seconds fast or slow by the time ball or some other popular standard. Away from our commercial manufacturing centers so great a refinement of time measurement may seem to be needlessly nice. What odds can a minute more or less make any way to an easy going farmer or laborer? The odds may be very small indeed, but the traveler does not think so when he misses an important train by being a minute late, nor the merchant whose notes go to protest because his messenger is that much behind time. Where large and complicated affairs are being carried on, as in railway management, the time element becomes vitally important; and in this connection the railways of the country have been a powerful means of popular education.

It was from the necessities of railway management, indeed, that the electric time service grew up. The safety of life and property demanded that the servants of each road should not only have trustworthy timepieces, but that they should all be regulated by some common standard. The history of the development of the electric time service for railway purposes, however, does not fall within the scope of this article, though it would be well worth recording: our purpose is rather to describe and illustrate the special application of the service to this city.

Allusion has been made to the time ball. Many of our distant readers may not know that the standard time of this

[Continued on page 337.]

図 17　ウェスタン・ユニオン社の報時球（ニューヨーク）

〔出典〕*Scientific American*, 30 November 1878

台からの時報で作動させたのです。さらに同社はほかの都市の住民が利用できるように、時報を伝えるネットワークを拡大していきます。電信会社は天文台と連携して、時間の基準をつくるという社会のいわば「インフラ」の整備を担うようになっていました。

十九世紀末までには、西洋諸国のおもに都市部で、電信によって正確な時報を伝える民間企業も登場します。時間をいわば「商品」として売ることで、利益をあげるサービスでした。そうした企業は、天文台が発信する時報によって正確な時刻を把握した上で、サービスの加入者のもとに通じる電線を通して、時報を定期的に電送しました。利用する側では、時計の同期や報時球などの多様な方法で、正確な時間をさらに拡散していきます。

販売されることになった時報は、証券取引所、官公庁、銀行やその他の大規模な商業施設・企業で活用されました。正確な時間そのものを商品として売ることと、それに対する少なからぬ需要があった点も興味深いです。このようなサービスは西洋諸国のおもに都市部に限られたものでしたが、そうした場所では電信は人々の時間の経験に大きな影響を及ぼしていたといえるでしょう。

電信時代の到来は、天文台の時間を社会の基準として利用することを可能にしました。人々が時間の基準として信頼するための理由として、天文台と電信が結びついていることが重要な意味をもつようになったことは、十九世紀後半の世界における時間の経験や意識の大きな変化であると考えられます。天文台の時間を社会の中で基準として位置づけるという習慣は、電信の普及にともなって形成されたのです。電送される時報の近辺にいた人々は、多くの場合にそれほど明確に意識しない状態で、天文台から電送される時間を経験し、それに基づいて考えたり行動したり、約束事をしたりする環境におかれるようになっていました。

天文台と時間に関する技術の普及

電信網と同じように、報時球、電送時報、電信により時間を伝える天文台もまた、世界中に広がったことも注目に値します。報時球はインドのボンベイやマドラス、南アフリカのケープタウン、オーストラリアのシドニーやアデレイド、ニュージーランドのウェリントン、カナダのケベック、そして欧米諸国ではロッテルダム、ハンブルグ、キール、コペンハーゲン、ストックホルム、サンクトペテルブルク、ブレスト、トゥーロン、リスボン、ニューヨーク、ボストンなどの都市に設けられました。電信と結びつく報時球は、世界的な海運や汽船航路につながる港に、欠くことのできない設備となっていたのです。

天文台についても、同じ傾向が認められます。先ほど欧米諸国の天文台による電信時報の普及を論じましたが、植民地とした地域にも、観測の拠点が次々と設けられています。この点では、とくにイギリス帝国が積極的であり、インド、オーストラリア、ニュージーランド、カナダ、ケープ植民地などの地域に天文台を建設して、望遠鏡や時計を使った研究や観測をおこないました。**図18**は一八五〇年代に設けられたシドニー天文台の写真です。グリニッジ天文台と同じく、上部に報時球がとりつけられていることがわかります。時間に関する研究や観測を担う施設や関連する技術が、いわば「パッケージ」のような形で、ヨーロッパから移転されていく様子が見て取れます。それらの天文台は、時間を決定し、電信によって現地社会に伝えました。

天文台や時報技術が設けられたことで、何が可能になったのでしょうか。まず、航海術に対する効能があげられます。植民地の都市や港も、世界的な海運・貿易のネットワークにしっかりと組み込まれており、商品の輸出入や人々の移動のためのハブをなしていました。帆船・汽船の航路が、他の地域と結ばれており、円滑・安全な航海を実現するには、精度の高い航海術を用いることが必要です。そうした中で、報時球や天文台が提供する時報は、船乗りたちが正確な時間を把握することを可

図 18　シドニー天文台

〔出典〕State Library of New South Wales, SPF/304

能にし、海域をこえて迅速に航海することに寄与したと考えられます。天文台や時報装置がなければ、航海者たちは信頼性の乏しい時間に依拠しなければならず、航海の速度や安全性に対する障害をもたらす可能性が高まるのです。

報時球や天文台のもう一つの機能として、都市社会や鉄道・電信・郵便に関わる施設や公的機関に、正確性の高い時間を伝えた点を指摘することができます。現地社会の生活時間を調節することで、経済活動の発展や社会の秩序の維持、時間規律を高めるために用いられたのです。

本節で論じてきた通り、電信網の世界的な普及にともなって、時間を正確に伝える技術もまた世界各地に拡散し、時間の統一のための手段となりました。電信網の誕生による情報通信の加速化は、いわゆる「世界の一体化」をうながしたとしばしば論じられます。それに加えて電信が時報技術と連動して航海術に用いられることにより、世界的な人や商品の移動をささえていた点も、「世界の一体化」に対する重要な影響です。

もっとも、これらの技術の拡がりによって、世界のすべての時計が同じ時を刻むようになったのではありませんし、一つの標準時によっておおい

電信の発展と天文台、時報技術がもたらした効果

- 航海術の精度が高まり、円滑・安全な航海が実現に寄与した。
  →「世界の一体化」促進
- 都市社会や鉄道・電信・郵便に関わる施設、公的機関に正確な時間を伝えた。
  →「経済活動の発展」「社会の秩序の維持」「時間規律の高まり」に貢献

つくされる世界が現実に現れたとも考えられません。むしろ、世界各地には多様な時間の概念・体系・制度がグラデーションをえがくように併存しており、西洋の時間はもっとも影響力が大きいものだったかもしれませんが、それがすべてであったわけではないのです。それでも、西洋の時間の概念や制度、そして本節で紹介してきた電信を用いた新技術が、多くの地域で受容されたことはまちがいありません。電信と天文台が組み合わさることで、少なからぬ場所で時間基準が新たに形成されたのです。

3 世界の時間と空間の基準をどこに定めるか――本初子午線と世界標準時の成立

なぜ本初子午線を統一する必要があったのか

電信の応用によって、国や地域ごとに共通の時間が生み出されたことを論じました。さらに、十九世紀末になると、世界全体の時間と空間に関する統一的な制度を設けることが国際的に議論されるようになります。とくに重要な論点は、地球上の経度と時刻の基準となる本初(ほんしょ)子午線を、どの地点に設定するかでした。

現在の一般的な世界地図を眺めれば、ロンドンのグリニッジ天文台を通過する子午線を地球上の経度〇として、東経と西経に一八〇度ずつ区分してえがいていることがわかります。地図を作成する際に、本初子午線を使わなければ経度を表記することができません。さらに世界各国はグリニッジ子午線を基準に、プラスとマイナスで一二ずつの時間帯にそって標準時間を定めています。時間帯はタイムゾーンや標準時間帯とも呼ばれ、共通の時間を用いる地域全体をさす言葉です。船の航海術や二十世紀以降では航空機の位置を特定する際にも、経度と緯度の座標が用いられており、その重要性は明らかです。

なぜ、グリニッジが基準なのでしょうか。そして、そのことと電信はどのように関わるのでしょうか。現在の視点で考えると、グリニッジ本初子午線を基準とすることに、それほど大きな違和感を覚えることはないかもしれません。あたかも国際社会の「自然な」制度のように定着しているからです。しかし、実は一八八〇年代まで、本初子午線の位置は万国共通ではありませんでした。各国がそれぞれ別個に、多様な本初子午線を採用していたのです。確かに、グリニッジを基準として地図や航海術に用いている国も、少なくなかったものの、古代の地理学者たちが採用していたカナリア諸島などの大西洋の島々や、各国の首都と定める国もあり、いくつもの本初子午線がならび立っている状態でした。

おおよそ一八七〇年代以降に、本章で説明してきたような電信の世界的なネットワークによる情報伝達の加速化、国際的な移動速度の向上、地域や国境をこえた人間の移動が増すことで、世界各地の結びつきが強まりました。こうした動きに刺激されて、世界の空間・時間の「均質化」を求める声が各地で高まります。西洋諸国の学術的な国際会議で、科学者・技術者たちが、どのような基準で、どこを経度の基準線と選ぶかをさかんに論議しました。その中で、子午線と時間の統一化は航海術や通商に関わる問題であるだけではなく、電信による国際通信にとっても大きな意義があるとしばしば主張されました。たとえば一八八三年にローマで開催された国際測地学会の決議に、そのような趣旨の文言がみられます。国際通信の加速化と拡大にともなって、時間の統一性を高めることが不可欠になっているという認識を垣間見ることができます。

本初子午線に関する多様な提案の中でも、有力な方法として認められるようになったのが、先ほどもふれた時間帯です。これは地表を経度一五度ずつに二四分割する方法で、分割された区域内で単一の時間を共有するものです。一八八三年にアメリカ合衆国とカナダで、鉄道路線で用いる時間にこの時間帯のシステムが導入されました。それまで北米各地で発展をとげる鉄道路線の大半で、異なる時間が用いられていました。そのため、鉄道運行の安全性や乗客の利便性の観点から、統一化の必要性がとなえられていました。さらに、都市ごとに時間が異なっ

なぜ本初子午線を統一する必要があったのか

・航海術の向上や通商の促進を図るため。
・国際通信の加速化と拡大にともなって、時間の統一性を高めることが不可欠になった。

ていたことも、背景として指摘しておきます。

それぞれの都市・町、鉄道路線で時間に違いがあることの不便さを解消するために、大陸全体で一時間ごとに区分される時間帯が設定され、まず鉄道会社の時間がそれに合わせ、ついで各都市で一般生活や電信の時間にも各時間帯の標準時が使われるようになったのです。重要なのは、北米大陸の時間帯が、ワシントンではなく、イギリスのグリニッジ天文台を本初子午線と定めたことです。**図19**には五つの基準子午線(西経一二〇度、一〇五度、九〇度、七五度、六〇度)が明記されています。つまり、本初子午線をグリニッジ天文台と設定し、それを基準として国内の時間帯を設けているのです。現在まで、合衆国には複数の時間帯がありますが、その歴史的な起源は一八八三年に遡ることができます。

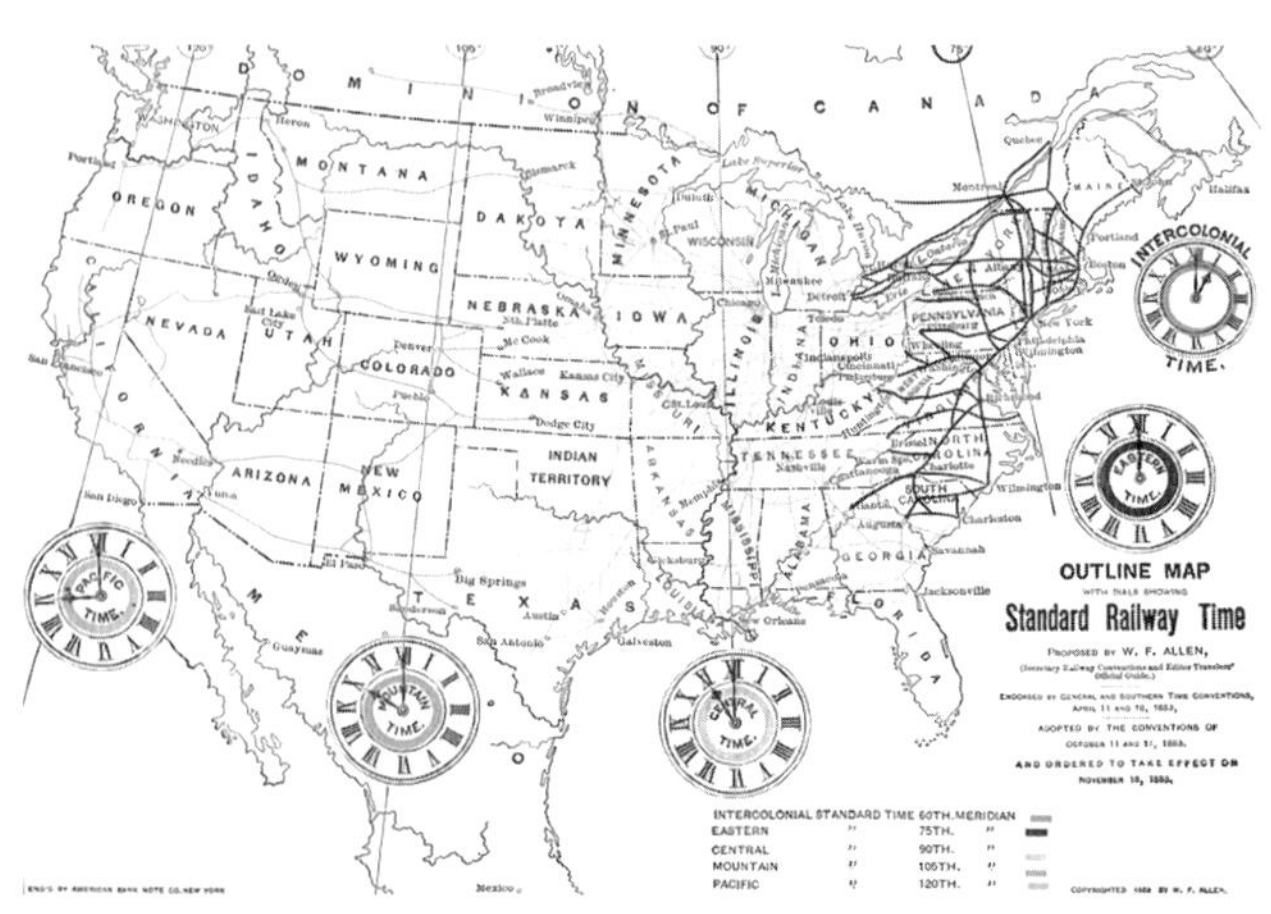

図 19　アメリカの鉄道における時間帯

〔出典〕W. F. Allen, Outline Map with Dials Showing Standard Railway Time, *Science* 4, 1884

グリニッジ本初子午線はどのように成立したのだろうか

その翌年、同じく合衆国の首都ワシントンで、国際子午線会議が開催されました。世界の時間と空間に関して議論することが目的です。それまでもいくつかの国際学術会議でこの問題は検討され、グリニッジ天文台を選択するという決議がなされたこともありました。しかし、いずれもが学術的な議論にとどまるものであり、政治的な効力をもっていませんでした。それに対して、国際子午線会議は二六カ国の公式の代表者が出席し、政治・外交的に制度を設計するものでした。参加国はヨーロッパ、アメリカ、そして中南米の諸国が大半で、「アジア」からは日本とトルコのみが代表者を派遣しています。「国際会議」ではあっても、その中身は欧米諸国が主導権をにぎり、世界的な制度をつくる動きであったことは明らかです。

日本からは、数学者・菊池大麓(きくちだいろく)が出席しました。菊池はケンブリッジ大学に留学し、主として数学と物理学を学びました。帰国後には、東京大学理学部教授、東京・京都の各帝国大学総長、文部大臣、理化学研究所初代所長を歴任するという輝かしい経歴の持ち主です。西洋で発展をとげる近代数学を日本にもたらしたとして高い評価をえており、この国際会議の出席者として

菊池大麓（1855～1917）

数学者・教育行政官。ケンブリッジ大学で数学と物理学を学び、1877年に東京大学理学部教授となり、西洋近代数学を導入する。その後、文部大臣や理化学研究所所長などの要職を歴任。

最適だったといえます。会議のもっとも重要な争点となったのは、いかなる根拠で本初子午線の通過点を選ぶかという問題です。緯度の場合は、赤道を基準にすることが地球の形に基づくシンプルな解決策になります。しかし、経度の場合は、どこに定めようとしても自然や地球に根拠を求めることできず、別の理由を考えることが必要になります。

そこでフランスの代表者は、本初子午線を地理的な観点で、少しでも中立な場所に設定すべきと主張しました。ヨーロッパやアメリカ大陸のどこかの国や地域を通過しない子午線を選ぶべきというのです。これにより、それまで有力視されてきたパリ、グリニッジ、ベルリン、ワシントンを候補地から除外し、陸地がとぼしいベーリング海峡や古来の伝統的な本初子午線の通過地点である大西洋の島々を推奨するねらいです。

これに対して、イギリスの代表者はそれまでの国際的な学術会議で発せられた意見を参照し、第一級の観測装置を有する天文台を候補地の条件とすべきだと応じました。たとえば前年の国際測地学会では、パリ、ベルリン、グリニッジ、ワシントンの四つの天文台のみが候補になるという見解が示されていました。イギリスの代表者はこのような見解を支持する立場をとり、近代科学には高い正確性をもつ位置決定が必要であり、島、海峡、山頂、建造物を基準とするわけにはいかないと主張します。必ずしもグリニッジ天文台を自ら強く推奨しているわけではありませんが、イギリスにはその他の場所を容認する姿勢はまったくみられません。

これに同調するように発言したアメリカ合衆国の代表団は、本初子午線の通過地とするには、世界各地と電信で結ばれた天文台であり、電信による経度の計測が可能であることが必須の条件であると主張しました。先ほど確認した通り、アメリカは前年にグリニッジ基準の時間制を鉄道時間に導入したばかりであり、ワシントンを本初子午線として提唱するのではなく、グリニッジを推奨する立場です。

アメリカは電信と結ばれた天文台という条件をあげましたが、なぜこれが重要なのでしょうか。天文台が電信によって外の世界と結びつき、時報を提供していたことは先ほど説明した通りです。もう一つ大事なことは、空間の計測にも電信が用いられていた点です。十九世紀中葉以降、天文台は電信を通してほかの天文台との位置関係を精密に確定するようになっていました。なぜ電信によって経度を測るかについて、少し説明が必要かと思います。

天文台で精巧な望遠鏡によって、特定の恒星が子午線上を通過する様子を観測し、そのタイミングを電信による信号を通してほかの天文台に伝えます。ほかの天文台でも同日に同じ星の子午線通過を観測し、信号をおくり返すことで観測時間の差異を決定することができます。これにより、二つの天文台の間の時差がわかると、そこから経度差をみちびくことができます。地球の自転と電信による瞬間的な信号の伝達を組み合わせた、新しい経度の測定方法でした。

一八四〇年代にはアメリカ合衆国各地の天文台間で、相互の位置関係を決定する実験が先駆的におこなわれました。沿岸測量部はハーヴァード天文台を参照点として、国内やのちにはヨーロッパ各地との経度差を確定することで、経度や地図の正確化を図りました。パリとグリニッジの天文台でも、十八世紀末には三角測量を通して、十九世紀にはクロノメーターと呼ばれる高精度の懐中時計を人間がもちはこんで移動することで、経度差が計測されてきました。そうした方法も高い精度で位置関係を決定していましたが、一八五〇年代に英仏海峡の海底ケーブルが敷設されると、電信が経度の決定に使われました。これら二つの天文台は船乗りが海上で経度を測定するために用いる天文暦の観測データを提供しており、世界の多くの航海者たちがそれに依拠していました。そのため、天文台の位置を正しく定める必要があったのです。

一八六〇年代には、ヨーロッパ諸国間で多くの天文観測所の経度電測がおこなわれました。このような空間の計測は、電信網の拡大によって世界的に広がり、各地の天文台間の経度の数値が更新されます。天文台が各国で地図や海図、あるいはそのための測量の座標の基準点として利用されていることが多かったことも、電信によりその位置を正確に決定し直すことの重要な意義です。これもまた、天文台が電信と結びつくことによって可能になった新しい科学の実践でした。

国際子午線会議の話にもどりましょう。グリニッジ、パリ、ワシントン、ベルリンのほかに、それまでに候補としてあがっていた場所として、ベーリング海峡、グリニッジ子午線から一八〇度の地点、大西洋の島々、エジプトのピラミッドなどがありました。しかし、これらの地点には天文台がなく、電信の安定的な接続もありません。会議の議論をリードするイギリスとアメリカ合衆国の主張に従えば、天文台と電信がない地点では、高精度の経度測定をおこなうことができないため、本初子午線の通過点としてふさわしくないことになります。

本初子午線を選ぶ際の重要な指標として、電信との接続が設けられていることや既存の経度計測のネットワークに結合していることを、大多数の国家の代表者は認めていたと思われます。また、フランスは本初子午線の中立性にこだわる立場であるために、自らパリを推奨することはなく、大西洋の島やベーリング海峡を推していました。こうしてワシントンとパリは候補地からはずれたのです。

結果として、国際子午線会議では最終的に七つの決議が採択されました。中でも重要なのは、まず第一決議「本会議の見解は現存する多数の子午線に代わる、万国共通の単一の本初子午線の採用がのぞましいとするものである」です。ついで、第二決議「本会議は経度の本初子午線として、グリニッジ天文台の子午環（**図20**）の中心を通過する子午線を採用することを各国政府に提案する」により、グリニッジ本初子午線に関する国際的な合意がなされました。

グリニッジ天文台が選ばれた要因として、電信につながる天文台という点に加えて、もう一つふれておくべきことがあります。それは航海術の世界で、グリニッジを本初子午線として用いることがすでに広く普及していたことです。イギリスでは十八世紀末から経度測定用の豊富な天文データを記載した航海暦が出版されていました。加えて、海軍の船舶が世界各地の海域、海峡、島、海岸線を対象とした精密な測量活動をおこない、多数の海図の生産と流通に注力します。図21はそのような海図の一例です。海岸付近の地形や水深などの情報を含む詳細なものであり、航海者たちはこれを用いて世界の航路や港・海岸線を航行していたのです。

これらの暦と海図は、各国の航海者から高い評価をえており、イギリス以外の国々でも広く用いられるようになります。イギリス製の航海暦と海図は、当然のことながら、グリニッジ天文台を基準に作成されています。そのため、諸国の船乗りたちもまた、グリニッジ基準で計算をしながら船を進め

図20　グリニッジ天文台の子午環

〔出典〕*Illustrated London News*, 21 April 1923

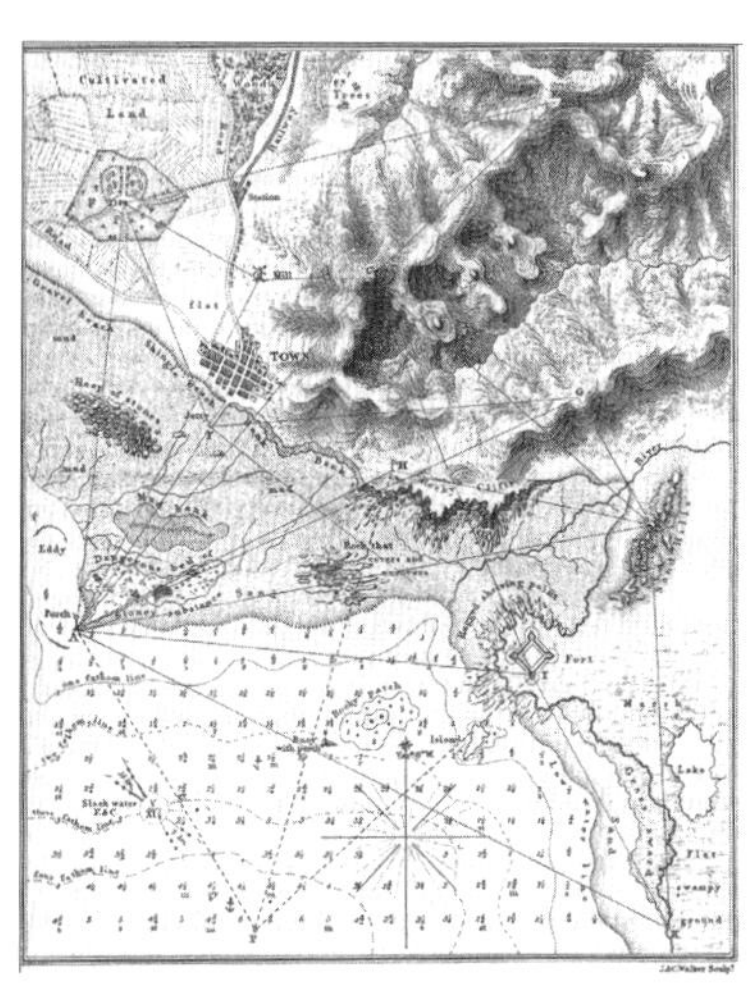

図21　イギリス製海図の例

〔出典〕John F. W. Herschel eds., *A Manual of Scientific Enquiry*, London, 1851

ていました。どの程度この実践が普及していたのでしょうか。一つの手がかりは、国際子午線会議において、イギリス代表団の一員であるサンフォード・フレミングが示した、主要な貿易国の航海者が用いている本初子午線のデータです。

そのデータによれば、もっとも多くの船舶でグリニッジが用いられており、その数は三万七六六三隻（全体の六五％）、一四六〇万トン（同じく七二％）にのぼり、第二位のパリの五九一四隻（一〇％）、約一七三万トン（八％）を大きく引き離しています。第三位以下は、カディス、ナポリ、オスロ、フェロー島、プルコヴォ、ストックホルム、リスボン、コペンハーゲンと続きますが、グリニッジと比較した場合に、これらの地点を本初子午線として使っている航海者は少数だったことは明らかです。それゆえ、航海術・海運・貿易という観点から、グリニッジ以外の子午線を選ぶことが、合理的とはみなされなかったのも当然のことといえるでしょう。

電信網の世界的な普及は、本初子午線という世界の時間と空間の基準線を定め、統一性を高めていくための背景をなすと同時に、国際子午線会議でグリニッジ天文台が選ばれるための一つの前提をつくり出していました。高度の精密さを要する子午線の位置決定にとって、電信による信号の送信と天文台での観測による時間の確定は不可欠の条件となっていたのです。それは十九世紀中葉以降の各国の天文台における、電送時報や経度の電測の積み重ねの上に成立するものでした。

世界の時間は「均質化」されたのだろうか

本初子午線に関する（欧米諸国が主導権をにぎった形での）「国際的な」枠組みの合意が形成されました。これによって、世界の時間と空間はただちに「均質化」されたのでしょうか。まず注意しなければならないのは、第二決議は各国にグリニッジ基準の時間制の適用を推奨するものであって、実際に制度を設けるかどうかは各国の判断にゆだねられている点です。したがって、国際子午線会議の決議が、ただちに本初子午線や世界標準時を成立させたと考えることはできません。

決議に基づく制度の変更について、いくつかの国々の動向をみてみましょう。ヨーロッパでは、一八九二年にベルギーとスイスがグリニッジ標準時に変更しました。翌年にはドイツとオーストリアでグリニッジ子午線を基準として、中央ヨーロッパ標準時（一時間差）に統一されました。イギリス帝国の主要な勢力圏となっていた地域での移行も比較的にはやかったといえます。カナダでは一八八〇年代からアメリカ合衆国とともに時間帯が用いられ、ニュージーランドはさらにはやく一八六八年の時点で、グリニッジ子午線を基準とする国内標準時を設定していました。オーストラリアでは、一八九五年に大陸を東部・中部・西部の時間帯で三分割する方式が導入されました。南アフリカでも現地の天文学者が主導して、一八九二年に時間制度が改革されています。

日本での受容もはやく、一八八八年以降、グリニッジから東経一三五度の子午線を基準とする標準時を用いています。国内でも鉄道、汽船、郵便、電信がめざましく発達する時代に入り、欧米諸国にならって、地域間で異なる時間を用いることをやめ、統一的な時間秩序に統合することが求められたことがその背景にありました。東経一三五度の子午線が選ばれた理由は、まずグリニッジ本初子午線からちょうど九時間差とすることができる点が大きいと考えられます。さらに東西に大きく広がる日本列島の中で、この経線は日本のほぼ中央を通過している点も重要です。この経線を用いることで、地方時と標準時との差を少しでも小さくとどめることが意識された上での選択でした。

しかし、ヨーロッパ諸国や北米大陸、イギリスの植民地となっていた地域や日本などの国々をのぞけば、世界全体で時間秩序の統一が一律的に進んだとはいえないでしょう。世界的にみれば、諸国のグリニッジ基準の受容は、十九世紀末から二十世紀中葉までかけて、ゆっくりとしたペースでしか進まなかったからです。国際子午線会議で争ったフランスが変更したのはようやく一九一一年のことでしたし、その他の植民地世界の諸地域でも、ローカルな次元で用いられていた多様な時間は維持されるか、あるいは、少しずつ標準時に変わっていったのです。

それに加えて、本初子午線の統一化に対して、根強い抵抗が起きた地域もありました。たとえばインドでは、一九〇五年にインド標準時が設けられますが、これに対してボンベイを中心に、インド人の政治家や労働者たちから、少なからぬ抗議や抵抗の動きがみられます。標準時というものがイギリスの時間であり、その導入がインドの支配をさらに強化するものと捉えられたのです。そのため、ボンベイではインド標準時の導入以降にも、それまで用いられていた現地の時間が使われ続けました。

このような事例から、時間の概念や制度は無色透明で中立的な性格のものではなく、しばしば帝国主義の手段として強い政治性をおびるものだったことがみえてくるでしょう。

たしかにゆるやかな変化であり、地域によっては抵抗が明示的に現れた場所もありましたが、国際子午線会議から二十世紀中葉にかけて、世界各国でグリニッジ本初子午線が受容されることで、現在も用いられている世界の時間帯が着実に形成されたことの大きな意義はやはり否定し難いものがあります。**図22**は、世界の諸地域の時間帯を地図上に表わしたものです。このような時間帯によって区分する世界地図は、読者の皆さんにとっても馴染み深いと思われます。

現在でも国境をこえて移動する際に、時差や現地の標準時を意識することになりますが、そ

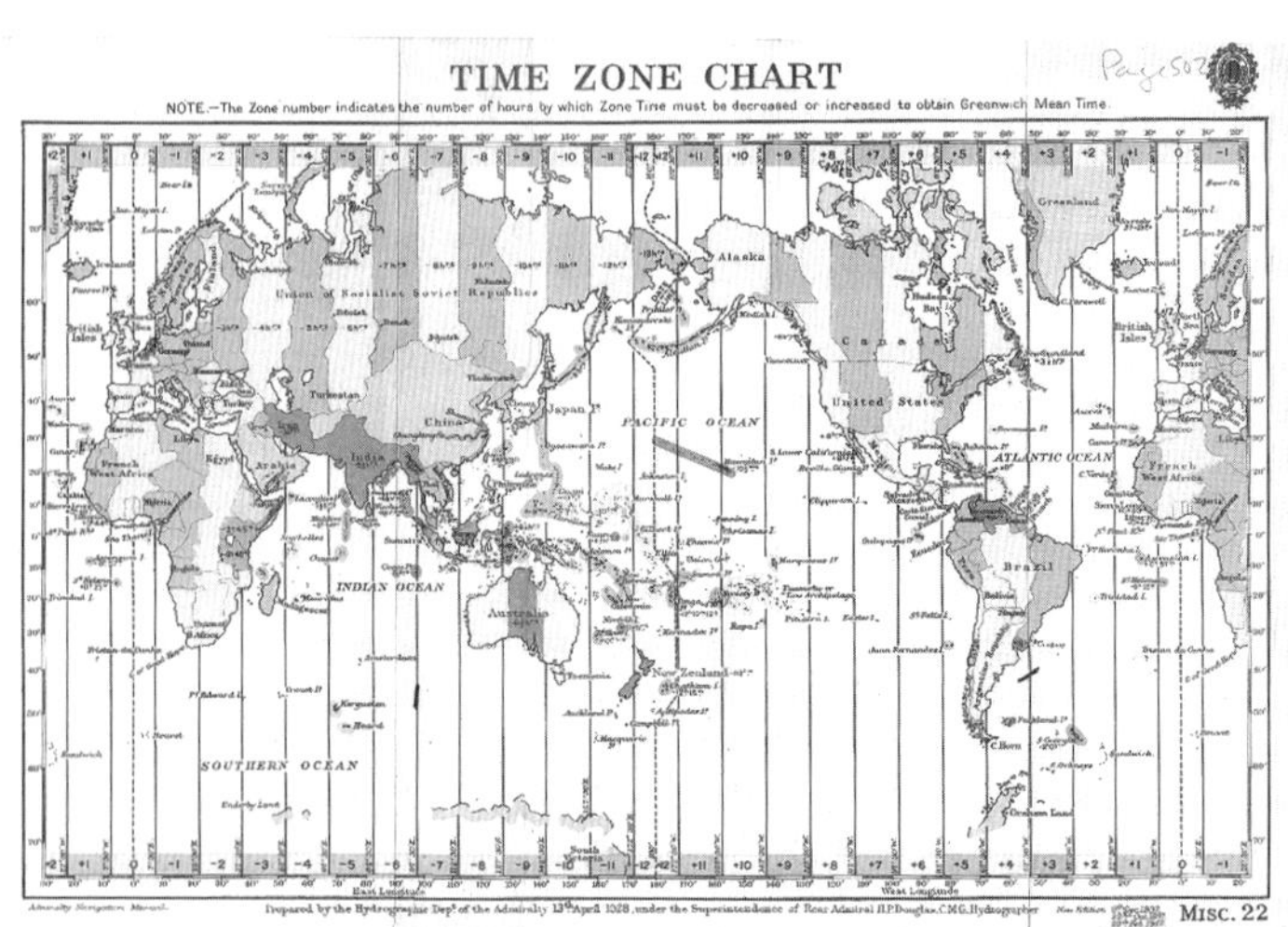

図22　時間帯を表わす世界地図(1938年)

〔出典〕*Admiralty Navigation Manual*, vol. 1, London, 1938

のような経験やしくみ自体が、十九世紀後半の交通と情報通信の加速化を背景に生み出された制度を起源としているのです。

定着した制度や枠組みを「歴史的」に見直す

十九世紀につくられた世界的な電信網は、情報伝達を人やモノの移動から切り離し、遠方の場所への到達にかかる時間を短縮した点で、確かに画期的な手段でした。その用途は多様であり、人々が日常的なメッセージを伝える手段であることはもとより、帝国の情報通信網や植民地統治のための道具としても働きました。国境をこえた金融や商取引の情報伝達、科学や社会・文化などの多方面に浸透することで、電信の利用は拡大したのです。

一般的に電信の歴史というと、世界的なネットワークができて、情報に関する覇権をめぐる争いが生じ、イギリスが中心的な役割をはたして、ケーブル戦略をめぐるナショナルな対抗関係が形成され、二十世紀では大戦においても不可欠な役割をはたすといった観点で論じられることが多いと思います。それらの問題はいずれも重要ではありますが、本章ではそうしたテーマとはやや異なる視点で、電信のさまざまな利用方法の中でも、時間と空間の整序との関わりを中心に述べてきました。

電信による時間と空間の正確な計測・管理、そして電送時報による拡散という新しい技術が到来したことで、社会の中で基準となる時間そのものに変化が訪れたことを論じてきました。とくに大きな変化は、電信時代の到来が、天文台が発信する時間を地域や国家の基準として、利用することをうながした点です。電信による情報伝達の加速化は、鉄道や汽船とともに、世界的な時間・空間の「均一化」の推進力となったといえるでしょう。ただし、くりかえしになりますが、近現代の世界において、時間・空間が全面的に均質化・統一化されたわけではないことは強調しておきたいと思います。

さらに電信網の世界的な普及は、本初子午線という世界の時間と空間の基準線を定め、統一性を高めていくための重要な背景でもありました。高度の精密さを要する本初子午線の位置決定にとって、天文台での観測による時間の確定や電送時報の機能は、不可欠の条件となっていたのです。電信との接続を有す世界有数の天文台の中で、すでに航海術における基準として広く利用されていたために、国際子午線会議ではグリニッジ天文台を本初子午線とする合意が形成されました。こうして電信による情報伝達の加速化と天文台の時間・空間の計測は、現代まで続く世界的な時間・空間の構造が立ち現れる重要な刺激だったことがわかってきます。

本章では本初子午線や標準時を例にとって、現在の社会でも「自然な」ものとして定着している制度や枠組みを、「歴史的に考えること」を実践しました。現代社会の中で自明なもの／自然なものとして深く根づいている考え方や制度にも、そこにいたる複雑な歴史や経緯があります。それをたどること／検証することで、より深い理解に到達し、さらにそこから新しい考え方や制度を生み出す可能性がひらかれるはずです。このことは何も時間や空間の制度に限られたことではありません。現代の社会生活を成り立たせている、さまざまな根本的な概念や制度を、歴史的に考え直すことに大きな意味があるのです。

参考文献

有山輝雄『情報覇権と帝国日本』Ⅰ～Ⅲ、吉川弘文館、二〇一三～一六年
石橋悠人『経度の発見と大英帝国』三重大学出版会、二〇一〇年
佐藤次高・福井憲彦編『ときの地域史』山川出版社、一九九九年
玉木俊明『〈情報〉帝国の興亡――ソフトパワーの５００年史』講談社、二〇一六年
角山栄『時計の社会史』中央公論社（一九八四年）、吉川弘文館、二〇一四年
中野明『腕木通信――ナポレオンが見たインターネットの夜明け』朝日新聞社、二〇〇三年
西本郁子『時間意識の近代――「時は金なり」の社会史』法政大学出版局、二〇〇六年
橋本毅彦・栗山茂久編著『遅刻の誕生――近代日本における時間意識の形成』三元社、二〇〇一年
星名定雄『情報と通信の文化史』法政大学出版局、二〇〇六年
南塚信吾編『情報がつなぐ世界史』ミネルヴァ書房、二〇一八年

マイケル・オマリー（高島平吾訳）『時計と人間――アメリカの時間の歴史』晶文社、一九九四年

ピーター・ギャリソン（松浦俊輔訳）『アインシュタインの時計　ポアンカレの地図――鋳造される時間』名古屋大学出版会、二〇一五年

トム・スタンデージ（服部桂訳）『ヴィクトリア朝時代のインターネット』NTT出版、二〇一一年

デレク・ハウス（橋爪若子訳）『グリニッジ・タイム――世界の時間の始点をめぐる物語』東洋書林、二〇〇七年

ダニエル・ヘッドリク（塚原東吾／隠岐さや香訳）『情報時代の到来――「理性と革命の時代」における知識のテクノロジー』法政大学出版局、二〇一一年

ダニエル・ヘッドリク（横井勝彦／渡辺昭一監訳）『インヴィジブル・ウェポン――電信と情報の世界史　1851〜1945』日本経済評論社、二〇一三年

S＝R・ラークソ（玉木俊明訳）『情報の世界史――外国との事業情報の伝達　1815〜1875』知泉書館、二〇一四年

デヴィッド・ルーニー（東郷えりか訳）『世界を変えた12の時計――時間と人間の1万年史』河出書房新社、二〇二二年

Blyth, Tilly, ed., *Information Age: Six Networks that Changed our World* (London: Scala Arts and Heritage in association with Science Museum, 2014).

Bonea, Amelia, *The News of Empire: Telegraphy, Journalism, and the Politics of Reporting in Colonial India c. 1830-1900* (Oxford: Oxford U. P., 2016).

Bright, Charles, *Submarine Telegraphs: their History, Construction and Working* (London: Crosby Lockwood, 1898).

Finn, Bernard, and Yang, Daquing, eds., *Communication under the Seas: The Evolving Cable Network and its*

Implications (Cambridge Mass.: The MIT Press, 2009).

Hampf, M. Michaela and Müller-Pohl, Simone eds. *Global Communication Electric: Business, News and Politics in the World of Telegraphy* (Frankfurt: Campus Verlag, 2014).

Hunt, Bruce. *Imperial Science: Cable Telegraphy and Electrical Physics in the Victorian British Empire* (Cambridge: Cambridge U. P., 2021).

Lahiri, Choudhury, D. K., *Telegraphic Imperialism: Crisis and Panic in the Indian Empire, c. 1830–1920* (Basingstoke: Palgrave Macmillan, 2010).

Lardner, Dionysius, *The Electric Telegraph*, New Edition (London: J. Walton, 1867).

Ogle, Vanessa, *The Global Transformation of Time: 1870–1950* (Cambridge Mass.: Harvard U. P., 2015).

Wenzlhuemer, Roland, *Connecting the Nineteenth Century World: The Telegraph and Globalization* (Cambridge: Cambridge U. P., 2015).

Winseck, Dwayne, R., and Pike, Robert M., *Communication and Empire: Media, Markets, and Globalization, 1860–1930* (Durham, NC: Duke U. P., 2007).

Withers, Charles, *Zero Degrees: Geographies of the Prime Meridian* (Cambridge Mass.: Harvard U. P., 2017).

本章は中央大学特定課題研究費の成果である。

第二章

情報通信技術と「見えない労働」の誕生

——職場から見る情報通信の近現代史

石井　香江

利用者の心ない言葉でメデューサ化する電話交換手

十九世紀から二十世紀初頭にかけて、科学技術の発達、商業・交通の隆盛にともない、人やモノの世界的な移動が加速化しました。文字・音・映像といった情報も、これまでにない速度で、遠隔地間でやりとりされ、「世界の一体化」をうながすことになったのです。たとえば新聞・雑誌市場や電信・電話ネットワークが国内外に拡大し、グラモフォン(蓄音機)や映画が一般にも普及しました。この情報流通の急激な高まりと社会の変容は、「コミュニケーション革命」とも呼ばれています。本章ではこの変化を、情報サービスを供給する職場とそこで働く人という観点から検討したいと思います。

この時期に情報サービスの供給主体となったのは各国の逓信事業です。ここでは逓信事業の三本柱である郵便、貯金、電信・電話の中でも、遠隔地間で符号や声による意思疎通を可能とした電信・電話事業に注目します。やりとりに時間を要する郵便と異なり、電気という新しい技術で符号や声を遠隔地へ短時間でおくり、女性をオペレーターとしていちはやく採用した電信・電話事業は、「進歩と近代」の象徴でもありました。「世界の一体化」と情報サービスの

第2章のPoint

- 19〜20世紀初頭にかけて起きた「コミュニケーション革命」において、情報サービスの供給主体となった電信・電話事業における戦前の日本の「職場」環境と、「そこで働く人」にスポットをあてる。
- 自動化が進まない状況下、ふえ続ける仕事をマンパワーでカバーしようとした結果、何が起きたか。「見えない労働」の提供を自尊心でのりこえようとした人たちと「ジェンダー秩序」にどのような影響を与えたのか。現代にも関連する問題として考察する。

重要性の高まりを背景に、電報や通話の数が急増し、電信・電話局の数やそこで働く人の数も増えています。本章では、他の諸国との比較を意識しつつ、主として戦前の日本に目を向けて、この変化が職場のあり方や「ジェンダー秩序」(性別分業のように歴史的に構築された男女間の権力関係のパターン)にどのような影響を与えたのか、現代とも関連させながら考察してみたいと思います。日本の電信・電話事業を同時代のアメリカ、イギリス、ドイツなど欧米の先進諸国とくらべれば、日本は近代化の「後発国」として、担当者をこれらの国々に視察させ、技術・組織・労働力の配置などを仔細に学ばせて、可能な部分は積極的にとりいれています。しかし、近代化にいたる歴史的経緯や前提条件、経済的・社会的な状況の相違もあり、戦前期には電信・電話の自動化は大きくは進展しませんでした。本章で紹介する事例では、こうした状況下で、技術の力を借りてカバーし得ない領域を、人間の力でおぎなおうとしました。では、この人間による補足をどのように実践することができたのか、あるいはできなかったのでしょうか。そして、そこからどのような知見が引き出せるでしょうか。

符号(code)

ここでは電信符号を指すが、これは電信信号と字句やファンクション(機能や関数を意味する)とを対応させるために決められた符号のことである。代表的なものに、モールス通信で用いられる、長点と短点の組み合わせからなるモールス符号、現在ではQR(Quick Response)コードが知られている。QRコードは高速で大量の情報を読み取る2次元コードで、産業用機器を開発・製造する日本企業が1994年に開発した。

ここではまず、以上の問題について考える上で基礎となる「見えない労働」という概念について、情報通信業務がもっとも注目されるようになる二十世紀初頭から戦間期、戦時期に目を向け、その背景について考えてみます。そして、「見えない労働」と不可分でもあった心身の不調に注目します。こうした健康問題は、当時の職場でどのように受け止められていたのでしょうか。

1 「見えない労働」と情報通信業務

「見えない労働」とは何か?

同じ情報通信業務でありながら、先行する電信業務と電話交換業務には共通点もあれば相違点もありました。サービスを提供するオペレーターと利用者が直接顔をあわせることがない、利用者がオペレーターの仕事を見ることができないというところが共通点です。他方で、送受信される情報の形には違いがあります。電話交換業務では利用者と顔をあわせない代わりに声のやりとりがあり、長点と短点の電波の組み合わせからなるモールス符号を送受信する電信業務とくらべ、接客の比重が大きいといえます。また、接客に要するスキルは伝統的に「労働」とみなされにくく、電話交換業務は二重の意味で「見えない労働」(invisible labor)であったといえるでしょう。

「見えない労働」とは社会学者A・ダニエルズが提唱した概念です。家事やボランティアなど、多くの場合女性に担われ、仕事として認知されず、評価も低い労働をさしています。近年この概念は、無給でインターンシップをする大学生から、バーチャル受付、小売業や性産業の従事者、ホワイトカラーやエンジニアなど専門的知識をもつナレッジワーカーにいたる多様な事例に適用されるようになっています。つまり「見えない労働」とは物理的に「見えない」労働というだけでなく、雇用主、消費者、労働者、そして究極的には法制度がその存在を見過ごし、それゆえに低い価値をあたえられる活動全般を意味します。具体的には、利用者に対するコールセンターのオペレーターの丁寧な対応、乗客に対する客室乗務員の微笑みや気配り、看護師によるケアワーク、また、職場で仕事を円滑にするためになされる会話やユーモアなどがあげられます。同じく社会学者A・ホックシールドは、サービス労働者がネガティブな感情をコントロールし、真心をこめて接客しているように見せかけることを感情の「商品化」と捉え、こ

れを「感情労働」(emotional labor)と定義しました。代表的な事例として、ホックシールドもあげているコールセンターのオペレーターや客室乗務員が知られていますが、その後、接客労働者全般が注目されるようになっています。いずれのサービスも、利用者が見たり、感じとることができるものの、それが接客者の特性と混同され、労働としてみなされないことが往々にしてあります。つまり「感情労働」もまた「見えない労働」の一つとして考えることができるのです。では、前述のように電話交換業務はなぜ二重の意味で「見えない」労働なのでしょうか。この問いに答えるには、電話交換業務の中身と担い手の出自について知る必要があるでしょう。

担い手と仕事の中身

手元のスマホの画面上で数字を押せば、話したい相手にすぐにつながる現代。かつて、電話が誕生してまもない時代においては、自分と話したい相手の間に電話交換手が存在し、つないでくれていたことを想像するのは難しいでしょう。電話自体も手のひらに乗る現在のスマホのようなコンパクトなものではなく、大きく重くかつ高価で、壁にかけられていたり、卓上におかれたりしていました。電話は誰もがもつ身近なアイテムではなく、役所、警察、銀行や病院、新聞社などの公共の場所や政治家、医者や弁護士など名士の家でしか利用されていなかったからこそ、誰もが電話交換手として通用するというわけではありませんでした。高い社会階層の人々とも円滑に会話をすることができ、国際線を担当する場合は英語をはじめ外国語もあやつれる必要がありました。利用者に対するサービスが重視されるようになると、電話交換手にはそれなりの出自と教養が求められ、いつしか当初は多数を占めていた男性交換手よりも女性交換手の数のほうが多くなったことが知られています。これは、電信の自動化以前、つまりモールス符号を用いた手動式が支配的な時代、電信技手に女性が少なかった事実と好対照をなしていました。事実、電話交換手は、欧米をはじめ世界中のさまざまな国や地域で教師、女工、ＯＬとならぶ女性労働のさきがけとして知られています。電話が自動化された後、二十一世紀の日本でも、電話交換手に代わるテレフォンオペレーターが、各企業やコールセンター（コラム参照）で、番号案内をはじめハローダイヤルやテレマーケティング、苦情・問い合わせや商品の注文などに、引き続き多くの女性や若年男性がたずさわっています。

電話交換手になぜ女性が多くなったのか、その背景については後に述べるとして、電話交換手の仕事に注目してみましょう。電話交換業務の基本とは、利用者が通話したい相手の番号を正確に聞きとり、つなぐことです。つまり、利用者が電話機の手回し発電機を回して電話局のベルをならし、電話交換手を呼び出していたのです。発信表示が出ると、電話交換手はそのジャックにプラグを差し込み、相手の番号に対応するジャックにもう一方のプラグを差し込むことで、相互が接続されることになっていました。この一連の流れにおいて、電話交換手の姿も職場の様子も利用者からは見えません。電話交換手の側も同じでした。利用者と直接接触する代わりに唯一の接点となるのが声でした。声は電話のいわば「顔」だったのです。話の内容に加え、声の高さ、イントネーション、発音や滑舌、応対のよしあしが、見えない相手の印象を形づくります。この点が、基本的にモールス符号を用いた電信業務との大きな違いといえます。後述するように、モールス符号の送信の仕方に相手の特徴を見て取ることも不可能ではなかったのですが、それは熟練したオペレーターたちの話で、一般の利用者には電話のほうが相手との近さをより感じることができたはずなのです。

ところで、電話交換業務が見えないという事実は、電話交換手にとってはメリットだけでなくデメリットもあったということをおさえておきましょう。メリットとしては、電話交換手が利用者と身体的な接触をすることがないこと、基本的に声を使い、機転をきかせる仕事なので、外見のよしあしや年齢はあまり重要ではなかったこともあげられます。年齢を重ね熟練していることが、逆にプラスにさえなりえたのです。他方で、工場労働者や販売員など利用者と接触する職業は異性と対面で接触することもあるために、ミドルクラスの体面（リスペクタビリティ）を傷つけることにもなりえました。このため、異性と接触しない仕事というのは、ミドルクラスの若い「箱入り娘」が、家計補助や自立などさまざまな理由で働くことを許してもらう理由となりえたのです。もちろん、日独をはじめ多くの国で、電信電話事業は公企業が運営していたこと、つまり電話交換手は勤続すれば公務員になれたことも、職業の威信を高める背景として重要です。他方で、利用者から見えないことはデメリットにもなりました。仕事の煩雑な様子やせわしく働く電話交換手の姿が見えないため、電話がなかなかつ

電信・電話の歴史

年	出来事
1832	アメリカ人画家のサミエル・F・B・モールスが電信の着想を発展させ始めた。
1851	世界最初の海底ケーブルが英仏海峡に敷設された。
1854	ペリーが二度目に来航した際に、江戸幕府に電信機が献上された。
1858	大西洋横断電信ケーブルが敷設された。
1869	日本で初めて電信回線が開通した。
1871	デンマークの大北電信会社が日本とヨーロッパを結ぶ海底ケーブルを敷設した。
1876	アメリカ人のグラハム・ベルによって特許を取得した電話が発明された。
1878	ベル電話機をもとに作られた国産1号電話機が登場。音声微弱などの理由で、実用には至らなかった。
1890	東京〜横浜間で電話交換業務が開始。最初の加入数は、東京で155世帯、横浜で42世帯だった。現在とは異なり、電話局の交換手に相手の電話を呼び出してもらっていた。
1891	世界初の電話の海底ケーブルが英仏海峡に敷設された。
1900	公衆電話ボックスの登場。最初に上野駅・新橋駅構内の2カ所に設置され、それに続き京橋に屋外用の公衆電話ボックスが建てられた。
1926	電話自動交換機が導入され、交換手を通さず話せるようになった。
1933	黒電話の元祖となる「3号自動式卓上電話機」が誕生。その後も改良されながら、このデザインが引き継がれることとなった。
1953	「23号自動式壁掛電話機」が誕生した。
1968	ポケットベルサービスが開始された。
1969	プッシュホン(押しボタン式電話機)が登場した。
1985	ショルダーフォン(車外兼用型自動車電話)が登場した。
1987	携帯電話のサービスが開始された。
1996	スマートフォンが登場。
2007	iPhoneが発売された。

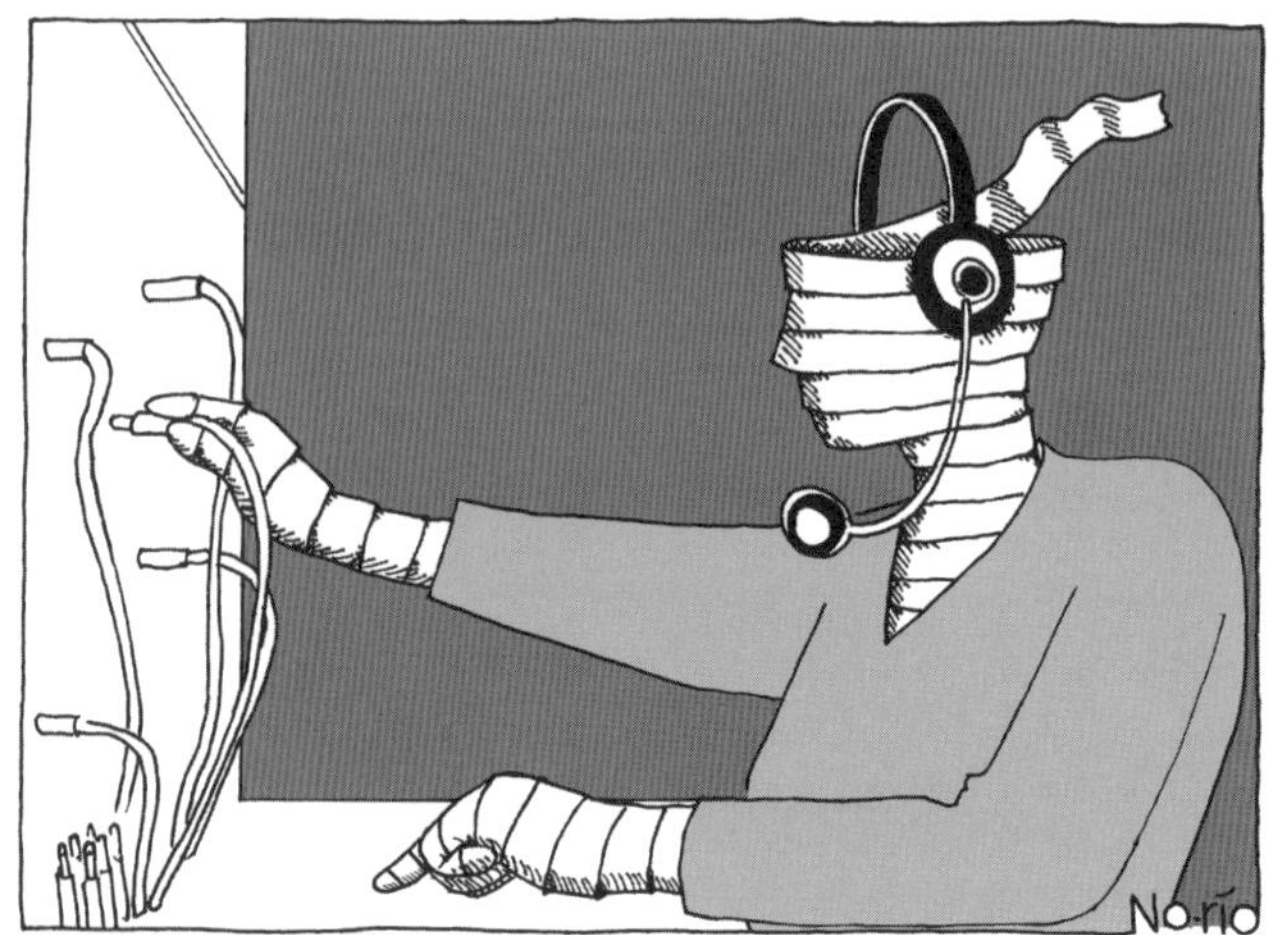

「見えない労働」
電話交換業務は二重の意味で「見えない」労働です。利用者が物理的に電話交換手の姿を見ることができないことに加えて利用者が電話交換手に怒りをぶつけてきた場合、電話交換手は、これに対する負の感情をおさえつけるなど、何らかの工夫をせざるをえない困難があるのですが、それは労働としてみなされにくいのです。

ながらないとか、誤った場所につながった場合、利用者の側が交換手に怒りを爆発させることもあったのです。顔の見えない匿名性が、感情の抑制を困難にさせたであろうことが推測できます。電話交換手が監督者からのきびしい監視のもとで仕事をしていること、さらに、通信関連技術が未熟な時代には、落雷に起因する労災の危険に晒されていたことについて、怒りやあせりで興奮した利用者は知る由(よし)もなかったのです。このため、電話の創業時から電話交換手と利用者の間でのトラブルが確認されています。

「見えない労働」が注目される時

ところが、二重の意味で「見えない」電話交換業務が注目されるようになった時期があります。二十世紀初頭から戦間期、そして戦時期です。二十世紀初頭には戦争の影響に加えて、生活様式の近代化、都市化や商工業の発展により、官用に加えて私用の電話の使用頻度がふえ、通話数が激増しました。戦間期にはアメリカでも「アメリカ的生活様式」の普及により電話需要が未曾有の高まりをみせましたが、日本もこの「アメリカ化」から無縁ではありませんでした。このため手動式の交換システムだけでは対応しきれず、自動化が模索されるも

アメリカ的生活様式

1920年代のアメリカでは、大量生産により生産コストがさがり、消費者が大量に消費し、経済が成長するという「大量生産・大量消費社会」に支えられた生活様式が一般化する。自動車や家庭電化製品が普及し、豊かなアメリカのイメージを形成した。

のの、その進展は技術的・経済的理由から遅々としたものでした。現実的には、依然として手動交換方式だった職場は、人手不足で若年の未熟練の電話交換手も多い中、混乱状態を呈していました。それゆえに利用者とのトラブルも頻発したわけです。その様子は新聞で報じられることもありました。電話交換手の職場環境はもちろん接続のおそい技術的な事情などを利用者に知ってもらい、つねに円滑で迅速にはいかない状況に理解を求めるためでした。また、電話交換手（そして時には電信技手も）は、第一次世界大戦後に民主化に向けて動き出した新しい時代の自立した「新しい女」の象徴として、小説など創作物のヒロインとしてとりあげられるようになりました。よく知られている作品では、国木田独歩の短編小説『二少女』（一八九八年）、平林たい子の同じく短編小説『殴る』（一九二九年）などあります。いずれもフィクションであるとはいえ、当時の社会・経済事情や女性の抱えていた問題にも光をあてている点が興味深く、かつ特徴的だといえます。他方で、戦時中は兵士として招集され、軍隊の主力となる男性に代わり、女性の電話交換手や電信技手が、いわゆる「通信戦士」として活躍しました。国家の生命線ともいえる情報通信は、戦時中に特別な使命をおびた仕事として重要性を増したのです。日本でもドイツと同様、女性は銃後で活躍し、女性兵士は存在しなかったという認識が一般的に根強かったのですが、実際は日本でも「女子通信戦士」と呼ばれた電話交換手や電信技手は存在し、その「貢献」は戦後、さまざまな事情から見えないものになったといえるでしょう。

続いて、「見えない労働」としての情報通信業務が「見える」ようになった二十世紀初頭から戦間期、そして戦時期に光をあて、具体的事例から、その背景や意味について考えたいと思います。

2　情報通信業務の光と影

激変する職場

日露戦争後に電話の使用が激増したことは知られていますが、一九〇六年十二月から翌年までの『読売新聞』には、電話交換手と利用者の間のトラブルに関する記事がひんぱんに掲載されました。電話の接続をめぐり利用者との間にトラブルが起こった場合、それがたとえ利用者側の問題であったとしても、「我意を通さんとして無用の時間を費し」て交通を阻害することがないように、利用者に「激しき言葉」を投げかけないようにと、電話局の局長が訓示をあたえています。これは感情を管理する感情労働のすすめといえます。ただし同紙上にはまもなく、電話交換業務の実態と、電話をかける際の利用者の注意事項が紹介されます。

「電話の前で二、三分も待たされると一〇分も待たされた様な気がするのである」というように、時間に急かされる利用者の事情、電話交換業務に対する利用者の無理解なクレームにより、電話交換業務にさらに遅延が発生していた実情を踏まえた上で、利用者に「電話事業は公共機関であって決して自己の占有物でない」と、注意喚起がなされています。

郵便業務の場合、利用者は窓口で職員が働く有様を目のあたりにすることができる一方で、電話の方は実際に業務が繁忙なのかどうかは、電話交換局へ行ってみなければわかりません。このため、電話交換業務の応答や接続の遅延がとくに問題になった理由が述べられています。つまり、利用者が自分の目で実際に交換業務の様子を確かめることができず、まったくの想像だけで、「怠慢過誤」に怒りをつのらせることもあったのです。

遅延の最大の理由は、繁忙時の人手不足でした。電話交換手は、経営側の抱える事情と利用者の苛立ちのはざまに丸腰で立たされていたといえるでしょう。記事を書いた記者は「電話事業は公共機関」であるという理由で、「自己の占有物でないと云ふことを考えて加入者と交換局と双方の注意」を求めています。ちなみに文中の「加入者」とは、事業者と利用契約を結んで電話を使う利用者のことです。お役所である電話局の社会的威信は高く、利用者も電話局に一目おいていましたが、利用者・通話数の増加と人手不足に起因する交換手の応答や接続の遅延が頻発したことを一つの契機に、この関係性が変化することになりました。

電話創業当初の電話局と利用者の関係は、「電話局はお役人様で、かけさして頂く方は平民」というもので、両者はいわば上下の関係にありました。商売を営んでいた大辻家も、「機嫌を損ねると（電話を）取次いでもらえないことも」あったと回想しているほどです。また、一九一〇年の電話創設一〇〇年記念式の際に、中央郵便局の通信書記補だった内藤イツ子は、入局当時の牧歌的な有様を『読売新聞』の記者に語っています。内藤によれば、「当時の交換手は朝七時より午後一時迄六時間の勤務にて今の様に袴はなし振袖に高島田の交換手も珍らしくなかりし何れも面白半分の仕事とて一時間に一〇分位も休みがあり其の時間には編物などをなし居足り」といいます。つまり、一八九六年頃までは働き方に余裕があり、しかも「加入者が一般に温順しく小声で気の毒そうに呼びし」という状況だったようです。一九〇六年頃より「忙しくなり近来に至りては交換局へボツボツ悪戯をする人さへ出で」、現在では「加入者も交換手も共に悪摺れた」と指摘します。人手不足に加え、通話数が増加したことも、この変化の背景をなしていました。このため、「コラッ！　何をぼんやりしてるんだい。番号が違ふじゃないか。馬鹿野郎！　此の尼！　かすめ！」など、利用者からひどい調子で罵倒されることも珍しくはなかったのです。これに対してある電話交換手は、「何のことはない。人を出し殻だと思ってゐる。残念ながら服務規律上、加入者と喧嘩する訳にもゆかず、ボロボロ涙を流しながらも、緊張してプラグを挿し込んで居る」と、ひどい利用者に対しても「服務規律上」言い返すことができないという本音を吐露しています。

働く側の怠慢？

交換手と利用者との間に発生するトラブルの原因は、多くの場合「交換の遅延」でした。これは利用者が想像していたような「交換手の怠慢過誤」だけではなく、交換繁忙により一人の交換手の受けもつ仕事が多いことにも起因していました。経費の都合で交換手の数をふやすことができなかったし、また、既存の交換手の数自体も「欠乏」しているという問題もあったのです。一九〇七年の『読売新聞』には、利用者を待たせないように「当局者は大に交換手増加の必要を認めて之を募集しつつあれど世人は其給料の増加したるに心づかぬ故か今尚ほ充分なる補充を見るに至らずと云ふ」と報じられました。実はこの時期、事務員やタイピストなど、電話交換手以外の女性向けの職業がうまれていました。女性にとって働く場所の選択肢がふえ、賃金も高い新しい職に、育ちが良く、教育もある若い女性たちが吸収されたことも、電話交換手の数が「欠乏」する原因であったようです。

電話交換手の数が不足しており、一人あたりの負担が大きかったという事実が表面化するのはのちのことで、初めのうちは交換手の質が劣化しているという意見が支配的でした。「電話交換手の不親切」という同紙の記事には、それが如実に現れています。これは「帝国ホテルの電話係り」が鼻歌を歌っていて、真面目に仕事をしていないということに対する苦情ですが、電話交換局に勤める交換手に対する一般の不満は高まり、『読売新聞』の記者が電話交換局を視察して、その様子を紙上で報告するという事態にまで発展しました。電話交換手の仕事ぶりを実際に見るために、ジャーナリスト、新聞記者、国会議員までもが電話交換局を視察し、その様子を新聞や雑誌で紹介するということは、ほぼ同時期のドイツやスイスの電話交換局でもおこなわれています。日本におけるこの視察の様子は、

「交換手の執務を観る」と題された記事に次のようにまとめられています。

新聞記者が職場の近くにある番町交換局を訪ねますが、ここでまず記者は嗅覚、視覚、聴覚を大いに刺激されます。電話交換手の汗や髪の毛の匂い、応対する電話交換手たちのいそがしそうな姿、彼女たちの声と接続音が電話交換局に充満し、よそ者の記者を圧倒したのです。

> さて見渡せば白木綿の筒袖に海老茶袴と云ふ出で立ちで一五六才から二〇才前後の婦人が一列に椅子を列ねて各自其耳に受話器を結び付け、さも忙しそうに口と手とを均等に働かして居る。『何番ですか』『御話し中』など彼等無数の口々から絶え間なしに発せらるる声が接続する音、混んじて其騒しい事夥しい。事務員の説明を聞き此光景を見た僕の心中には少々気の毒だと云彼等に対する同情心が湧いた。

この記事を書いた『読売新聞』記者は、騒音の中、交換手が休んでいる暇などなく働き続けている様子を見て「少々気の毒だ」という「同情心」を抱いています。しかし、一つの交換局だけから交換手の仕事ぶりを一般化できないと向かった本局の交換局は、その比ではないほどいそがしい様子でした。しかもそこで働く女性は「何れも結婚前の婦人」でした。彼女たちが「終日斯る騒しい所に窮屈なる受話器を耳に結び付けられ、絶間なしに其耳を刺激され、同時に忙しく神経と手とを働かせときには加入者の冷評熱罵を聞き、甚だしきは彼等の蒼白な顔色を人知れず真赤にさす様な冷やかしの言葉を聞く」様子を、記者は目のあたりにします。「加入者の冷評熱罵」「蒼白な顔色を人知れず真赤にさす様な冷やかしの言葉」に耐え、必死に働いている歳若い女性たちに、記者は同情しています。「蒼白な顔色を人知れず真赤にさす様な冷やかしの言葉」というのは、要するに現代の表現でいうと「性的嫌がらせ」です。しかも「ひどいのになると電話の先で誘惑をまで試みる。電話で飽き足らぬやつは帰りを待ち伏せて脅迫する」ことさえあったほどですから、深刻であったわけです。

この記事の続編は翌日の同紙に掲載されています。そこでは、交換手の勤務時間、賃金、階級、資格などが簡略に紹介されています。資格については、「彼等は何れも厳密なる試験を経て始めて交換手たり得るのだ。すなわち学科試験、人物試験、学力試験の関門を無事通過するにあらざれば採用されぬのである、其学力程度は高等二学年修業生に限られ、体格、人物の両試験は非常に厳しく行はるるのだ。殊（こと）に耳、口、目および其応答振りに就いては極めて仔細な試験がある」と、交換手はきびしい選抜試験を通った尊敬に値するべき人間であること、したがって、それ相応の待遇を受けてしかるべきことが暗示されています。

また交換局内の組織についてふれ、接続に時間を要する場合があると説明されています。利用者が他の電話交換局の区域に電話をかける場合です。最後に交換の遅延の責任の一端は、電話の仕組みをよく知らずにベルをやたらとならし、通話を阻害する利用者にもあるといい、電話をかける際の注意が求められています。

交換局という組織にも改善すべき点はあるでしょうが、電話交換手の仕事ぶりはその後ろに控える伍長と通信手が監督していますし、電話交換手の怠惰だけがミスの原因ではありません。電話交換局に勤務していた主事補も「無理解な加入者に苦情を謂はれて泣きつつ働く交換手を見るときは、正視するに忍びない」と、利用者の「無理解」で交換手が苦しめられているのを見るのは辛いと記者に答えています。そして記事の最後には電話交換手が「憐れむべき同情すべき境遇にある女子」で、利用者側も配慮すべきであると結ばれます。

ここまでをまとめてみましょう。明治時代末期から大正時代にかけて、事務員やタイピストなど、電話交換手以外にも女性向けの職業がうまれ、女性にとって働く場所の選択肢がふえ、この賃金も高い新しい職業に、出自がよく、教育もある若い女性たちが吸収されました。しかも電話交換局の職場環境が劣悪であることが知られるようになり、電話交換手の数が欠乏するようになりました。当局は電話交換手に「感情労働」を求め、たえることをしいるだけでなく、職場環境を改善するためにメディアを活用して利用者への理解を求めるようになり、応募のインセンティヴを高めるため、局内に女学校を開設しました。

変化する職業イメージ

こうした職場の変化を受けて、電話交換手の社会的出自が高かった初期の頃とくらべ、職業イメージが変化しています。ここで、山形県鶴岡の例をとりあげてみます。この地域では一九〇八年十二月二十一日に電話交換業務が開始されますが、その数カ月前におこなわれた採用試験の応募者は三〇人で、ほとんどが士族の娘でした。一八七一年七月に明治政府により廃藩置県がおこなわれ、さらに七三年の秩禄処分によって藩主につかえていた武士の生活が不安定となったことも、娘が就労する背景にあります。士族の娘たちは一八九七年六月に開校された鶴岡高等女学校の卒業生で、教養もあり、言葉遣いも丁寧で、立ち居振る舞いもおだやかであったと伝えられています。

当事者の証言を拾ってみましょう。一八九六年から三〇年間勤続した井上とみは、就職した当時、新宿区会議員が電話交換手としてつとめる娘を朝晩車で送り迎えしていたのを引き合いに出し、「お役所に勤めるには品行のよいものでなければならない、家庭もよくなければ勤めることができないというようなお話がありました。私もその時分働きますのにはそういう所でと思ってはいりました。それで志願いたしたのですが、ずいぶん皆さんご立派なかたがお勤めでございました」といいます。当初は電話交換手の出自は高い上に、学科試験などの選抜もきびしかったらしく、井上は「私どもが入りましたときにも一五三人志願者があった。そのなかで学校

秩禄処分

明治政府は版籍奉還後も、華族・士族に額を減らしながらも秩禄(家禄と賞典録)を支給していた。しかし、これが財政負担となり、1873年に希望者に対して秩禄の支給をとめるかわりに一時金を支給する「秩禄奉還の法」をさだめ、さらに76年にはすべての受給者に年間支給額の5〜14年分の額の金録公債証書を与えて、秩禄を全廃(秩禄処分)した。

の方に及第いたしましたのが五〇人くらい、それから局にはいれたのはずっと少なく、毎日のように落ちる方がある」と回想しています。一九〇一年から四一年間勤続した安川きんも、「私どもが入りましたときにも試験など難しくて容易にははいれなかった」と、井上の証言を裏付けます。しかも、結婚してすぐにやめるというのではなく、長期間勤続する者もまれではなかったといいます。一九〇一年から四一年間勤続した高野りうは、「お勤めしたからには三年間くらい辛抱しなければならんと思っておりましたところ、自然とよすのがいやになって、だんだん長くなりました」と振り返っています。

しかし大正時代になると、電話交換手は世間から「南蛮学校生徒」「モシモシ嬢」「何番嬢」「交換嬢」「交換姫」などと呼ばれ、「新聞紙などに交換嬢、交換姫云々とあるが『交換掛』として欲しい。実に交換手は一般世間から馬鹿にされてゐることが情けない」「通勤の途中モシモシ何番何番とからかわれるのが一番つらい。此の様な言葉を聴く度に幼い清い心もだんだん荒んでゆく」となげく者も少なくありませんでした（図1）。これに加えて、「本俸に手当てを合わせて僅か三、四〇円の下宿代も完全には払えない」という状況で、私設交換台に転職する電話交換手が後をたたなかったようです。官吏や下級士族の娘が多かった電話創業当時の電話交換手とは違い、この時代の電話交換手は、家計補助を就職の動機とする者が七割弱を占め、収入の六割から八割を家計に提供していました。官業とくらべて賃金が高く、勤務状況も楽であるとされた私設交換に転職する者がいたのも無理からぬことでした。

　分局長会議で、これでは「到底能率増進の望みやうがない」という結論にいたり、逓信(ていしん)省は「各分局内に特科女学校を設置し、二ヵ年の勤続者には女学校の卒業証書を興ふる仕組みし、日本女子商業学校長嘉悦孝子(かえつたかこ)女史主として之が斡旋に奔走し、来る九月愈々(いよいよ)新学期を開始する」と発表しました。東京中央電話局局長の新名直和は就任当時より電話交換手に何らかの方法で教育をほどこすことで、利用者からの苦情に対処できるだろうし、「彼女等が後日家庭の人となつても益する所多からうと考へ」ていました。事実、ほかの「職業婦人」と同様に、電話交換手の九割近くが未婚であり、将来結婚退職し、家庭をもつであろうことが前提とされていたのです。そこで新名は「日本国民の第二の母となるべき工女・交換手に教育の必要を説いて廻って居た」女子商業学校の嘉悦孝子と協力し、誠和女学校を開設しました。これは、退職後に役立つようにと、「良妻賢母」になるための知識や技術を無料で教える女学校であり、経済的事情で上級の学校に進むことはで

逓信省

かつて郵便・通信・交通などを管轄した中央官庁。所管縮小後、1949年に郵政省と電気通信省に分割。のち郵便や電気通信事業は公社化を経て民営化（日本郵便、NTT、KDDI）され、通信行政は現在、総務省が管轄している。

図1　無理解な加入者に苦しむ電話交換手
〔出典〕東京電気通信局編『東京の電話(上)』電気通信協会、1958年

きなかったが、向学心はある少女に応募のインセンティヴをあたえたといえます。また、働くことで得た経験が、世間でいわれる悪影響ではなく、結婚後にも役立つということを、経営側は保護者に積極的にアピールしていました。

一例を紹介しましょう。戦後、東京市外電話局市外通話案内部の運用主幹をつとめた福田いねは、一九〇九年東京下谷区御徒町にうまれ、尋常小学校卒業後、「女に学問は要らない」という父親の考えで裁縫を習って過ごしていました。しかし彼女は、東京中央電話局で働きながら、局内に設立された誠和女学校に通えることに魅力を感じ、電話交換手の採用に応募しました。二十世紀初頭にもなると電話交換手の大半は小学校の高等科卒で、高女卒は少数でした。彼女が入社した一九二三年には、結婚によると思われる退職者が激増し、大々的に募集されたのです。彼女はそのとき一三歳で三カ月の訓練を受け、市外電話交換課へ配置されました。玉川、世田谷、中野、大森の局で経験を積んだといいます。「最初の頃は女学校に行ったり家事見習に励んだりする娘達が羨ましかったが、のちになると社会の大事な仕事をしているという自負心を持つように変わってきた」と回想します。電話交換手は利用者の線をつなぐ仕事のかたわら、遠い局と次の線の予約のためモールス信号で交信したため、電信記号および通話法規の検定試験を受けて合格しなければならなかったそうです。合格すれば月三円が加給されました。彼女自身は一六歳で試験に合格し、給料はすべて家に入れていましたが、おこづかいとして二円もらい、のちには給料外に付加される分で着物を買ったりしたそうです。休日は一〇日に一回あり、勤務時間の八時半から四時半まで休憩時間は三〇分ずつ三回あったので勤めは辛くなかったといいます。また、夜勤もありましたが、これは午後三時から翌日の午前九時頃までで、夜勤を終えた日の夕方に出勤して、その日の夜に帰るという長時間勤務もありました。なお夜勤に対しては、一九三七年頃から夜勤手当がつくようになりました。休憩時間は同僚と話したり、オルガンを弾いたり、本を読んだりして過ごしたといいます。関東大震災後に女子寮ができた頃には昼夜各専務がなくなり、ＡＢＣと組分けされて、早番、遅番、夜勤という回転勤務が始まったそうです。勤務時間も日勤、泊まり、宿明けと組割りされ、泊まりの日の仮眠の時間もしっかりと決められていました。ＡＢＣの各組は一つの交換台を共有していて、各台で成績評価がなされるので、互いに競争意識が芽生え、相手局のほうで手間取る場合、イライラしてモールス信号で「バカ」「ヘチマ」などと悪態をついてしまい、相手は怒って線を切ってしまうこともあったといいます。電話交換手とはいえ、場合によっては電信業務を兼任していたこと、また後述するような業務中の「喧嘩」もしていたことがわかります。彼女は一九二七（昭和二年）に、交換手の背後に立ち、その仕事量を測定する能率調査員になるまで、六年間を電話交換手として過ごしたということです。

3　戦時動員される「通信兵士」

第二次大戦中の日本の電信技手たち

東京データ電信支部中電分会の石居雅子（いしいまさこ）が第二次世界大戦の戦時中を振り返り、「職場の男性にも赤紙がきて、みな出征していきました。銃後を守る乙女として、学徒動員で狩り出された女学生も含めて、ほとんど女性ばかりで中電（東京中央電報局）を支えた時代もありました」というように、東京中央電報局でも、大戦中には男性たちが招集され、少年や女性たちが銃後を守ることになり、従来の職場の維持は事実上不可能となりました。徳島県でも一九四五年に男性要員の代替として女性局員を多数採用しました。子どもがいる女性もいたので、寺に保育所を設け、専門の保育士を導入することもあったようです。東京中央電信局でも「須藤照吉主事の率いる敢闘文字の鉢巻組」など、女性の活躍はめざましく、有事の際の自発的早出や居残りが一般的におこなわれていたといいます。男性の激減で宿直も不足したため、一九二五年から全面廃止されていた女子職員の宿直も再開されます。石居はこの時代の女性の電信技手について、「戦争が激しくなり、通信の重要性から、この白亜の殿堂も見るも無残な姿に変貌しました。（中略）そのなかで女たちの手で通信がつづけられ、一五歳の少女たちが、銃後を守るのは女子と健気（けなげ）に思っていたものでした」と記しています。

この時代の女性電信技手の証言は少ないのですが、一九二六(昭和元年)生れの秋山咲子の例を紹介します。秋山は高知県長岡郡瓶岩村で三人きょうだいの長女としてうまれました。小学三年生のときに電気工事にたずさわる労働者だった父親が亡くなり、母親は近在の糸ひき場に働きに出ました。小学校尋常科六年、高等科二年を経て、一九四一年に秋山は大阪の逓信講習所に入所しました。この二年前に逓信省は逓信講習所の入学者増員を要請しています。戦線拡大で通信兵の需要が高まったのです。秋山は教師志望で、実は女子師範学校に進学したかったのですが、扶養すべき弟がいたため、この夢を断念しました。ただ、一年間在籍した講習所では、一般教養科目が学べ、ある程度の向学心を満たすこともできたといいます。講習所ではモールス通信の習得のために英語も教えられ、モールス通信が得意だった秋山にとって、講習所での生活はそれなりに充実していたようです。しかし戦時下であったこともあり、講習所の規律も軍隊式できびしかったので、紺のスカート、国民服のような制服に身を包み、お下げ髪を強制されました。規則に少しでも反していると、すぐに上級生の週番監事から注意されるなど、上下関係はきびしかったようです。

他方、招集された男性電信技手はどうだったのでしょうか。後にプロ野球選手となる大友工は一九四二年に逓信練習所を卒業し、神戸中央電信局に配属されましたが、その翌年に徴兵されました。姫路の中部第五三部隊に入営してすぐ、師団通信にまわされることになります。しかし、講習所での教育と電信局での経験のおかげで、軍隊生活はわりあいに「楽をする」ことができたといいます。他方、電信競技会で上位入賞する腕前の持ち主だったA氏（一九二八年生）は、通信兵として訓練の約九五％はモールスに明け暮れていたといいます。モールスで寝言をいう兵隊も大勢いたほどでした。銃は九九式（きゅうきゅうしき）歩兵銃の扱い方を一〇日間程度習い、実弾発射訓練はわずか五発撃ったにとどまったそうです。軍隊で使う暗号は全部数字で、その解読は不可能でした。つまり前後の文脈から判断せず、通信そのものを正確に聞き取らねばならなかった点が特徴的です。このため通信兵には高い熟練が求められ、技能を高めるための日々の研鑽、通信技術競技会、そして上官からのシゴキが制度化されていたといえます。A氏が卒業した無線電信講習所に女子部が開設され、女性の電信技手（正式名称は通信士）が養成されるようになったのは、終戦間近の一九四四年のことでした。

　この二人に対してB氏（一九二六年生）は駅で働きました。B氏は戦時中に講習所での訓練を終え、鉄道局通信所に配属されましたが、現場ではおもに相手の呼び出し、応答、略符号（定型的な話や文をコード化したもの）を実習したといいます。まもなく郷里に近い駅の電信掛が入隊したために、その駅に転勤になりました。この駅は小さな駅で、三人が交代で勤務していましたが、先輩二人が招集され、九カ月後にようやく訓練を受けた女子の電信掛が入ってきました。二人で仕事をこなすのは大変だったので電信掛の養成を急ぎましたが、戦争の激化で養成が間に合わず、養成期間も短縮されたということです。

労働力不足を女性が補ったドイツ帝国

日本以外の他の諸国でも戦時期には労働力不足が問題化していました。アメリカでも第一次世界大戦時は「ハロー・ガールズ」と呼ばれる通信兵、第二次世界大戦時は暗号解読にあたる「コード・ガールズ」がうまれています。ドイツ帝国郵便もその例にもれず、多くの女性労働力を募集するために、既婚女性の再雇用をするほか、学歴・年齢などの入職条件を緩和しました。この現実的な措置は、実はナチスの労働市場政策とも、逓信大臣の意向とも一致しませんでした。大臣は女性がなるべく多くの仕事を、失業した男性に明けわたすのを望んでいましたが、現場の側も経験があり熟練した女性局員、とくに電話交換手のポストを男性に明けわたすことに抵抗していました。電話交換業務は女の仕事であることが定着していたことがわかります。他方、長く男性の仕事とされてきた手動式のモールス電信を使った業務に関しては、第一次世界大戦期に女性も例外的に導入されますが、戦後はまた男性の仕事に戻り、ナチ期には短期間の訓練を経た女性が再度導入されます。

郵便配達についてはすでに第一次世界大戦時から女性が導入されていました。従来は重労働であるという理由から、女性が働くことがそもそも前提とされていなかった郵便・小包の仕分けや郵便配達などを担当する業務にも、女性が大量に導入されていました。女性は地理的に配達の容易な配達場所に配置されたり、子どもをもち、家庭責任のある母親については、もう一人の女性と半日交代で勤務させたりするなどの工夫がなされました。

ナチスは原則として男女を分離していましたが、戦時下で男女はいままでに例のない規模で同じ職場で働くことになりました。一般的には男性専科の世界と認識されていた国防軍内でも「補助員」として働く女性たちは存在しました。労働力不足の場合、工場であれば外国人を使用することもありえましたが、国防軍の仕事には守秘義務があり、これが不可能だったからです。このため、電話や電信をあつかう通信兵として働く女性や、高射砲の投光機・高度測定器の操作を男性兵士に学ぶ女性たちの写真がナチスのプロパガンダ雑誌にも掲載されています。ドイツ帝国郵便でも勤続年数の短い女性職員を「補助員」と呼んでいましたが、これは、女性の労働を「楽で危険がない」補助的なものと位置づけていたことを示しています。ナチスの女性向けプロパガンダ雑誌を研究する桑原ヒサ子は、女性は「男性兵士の仕事を補助したのではなく、前線に赴く男性兵士の仕事をそのまま代わりに引き受け」ており、「軍隊方式」の上官の指導もきびしく、頭痛、失神、仮病、泣く女性が出たほどで、「高射砲自体もあつかい、戦争の最終段階では決戦に巻き込まれていった」とし、補助員という位置づけを問題視しています。興味深いのは、女性が男性の聖域である軍隊に存在するはずはないというイデオロギーと現実の乖離(かいり)をうめるために、女性がたずさわる仕事は楽で危険がないという印象を国民にあたえ続けた点だといいます。また、国防軍で働く女性に対して「将校のベッド」や「兵士の尻軽娘」など、性的に悪い評判が立てられ、それが女性の募集を困難にしたために、男性兵士と親しく呼びあうことを禁止したり、食事は男女別でとらせたり、厚化粧に対し警告がなされたり、恋愛防止のため一年ごとに配属替えがおこなわれるなど、厳格な規則が設けられたといいます。

ナチ期の大きな変化は、女性にも制服・記章・階級章があたえられるようになったことです。これらは、働く人の位置づけや専門性を視覚的に外に示す象徴的意味あいをもっており、制服・記章・階級章をつけた女性の写真は、応募のインセンティヴになったとも推測されます(**図2**)。戦間期のドイツ帝国郵便では女性職員の間で、男性職員同様に、制服を無料で支給し、記章・階級章をつけることを認めるよう求める動きがありました。男性と同様に女性にも制服・記章・階級章があたえられることは、女性の「国民化」という意味でも、重要な意味をもっていました。

日本の女性通信兵士の悲劇――「真岡郵便電信局事件」

第三節の冒頭で紹介した電信技手と同様に、日本でも電話交換手が戦時動員され、「皇国(こうこく)通信戦士」と呼ばれることがありました。通信を通して国家のために闘う戦士という意味です。大本営

図2　国防軍で電話交換業務にあたる女性

〔出典〕Franz W. Seidler, *Blitzmädchen: die Geschichte der Helferinnen der deutschen Wehrmacht im Zweiten Weltkrieg*, Bonn: Wehr & Wissen, 1979.

の方針では「電気通信をもって戦局の打開に最終的寄与をなさんとす」と、末期的な戦況でも女性局員を「逓信乙女」と呼び、身命を投げ打たせる体制でした。戦時下で電話交換業務は重要な任務との使命感をたたきこまれ、家庭や自分の問題より職場の業務を優先するようにといわれていたようです。これが、沖縄のひめゆり学徒隊にも比される「真岡(まおか)郵便電信局事件」を生み出しました。

一九四五年八月九日、日本のポツダム宣言受諾直前にソ連が中立条約を破棄して対日参戦し、樺太(サハリン)南部に攻勢をかけました。ソ連参戦を受けて住民の「強制疎開」(内地への引き揚げ)が始まりましたが、人々の生活と生命に密に関わるエッセンシャルワーカーであった看護婦と電話交換手の多くは、軍隊や警察のサポートのない中、残留せざるをえませんでした。このような状況下で、港湾の要衝であった豊原市の西方にある間宮海峡(タタール海峡)に面した港町真岡町の郵便局で悲劇が起こりました。残留した電話交換手たちのうち一〇人は、ソ連軍上陸の報を受けて、ソ連兵からの暴行から身を守るために青酸カリを飲み集団自決をし、九人が死亡しました(**図3**)。事件当時、当番からはずれていたために難をのがれた女性は、「非常の場合には、万難を排して、局に集合せよ。とは、常々いわれていた」と思い返していますが、事件前に真

日ソ中立条約

1941年4月に締結。両国の中立友好と領土保全・不可侵を約した。しかし第二次世界大戦終結間際の45年8月8日にソ連はこの条約を無視して日本に宣戦布告し、満州・朝鮮・南樺太・千島列島に侵攻した。

岡郵便局長の上田豊蔵は「決死隊」とでもいうべき残留希望者をつのり、当時五〇数人いた電話交換手のうち家族の許可をえた独身で中堅クラス二〇人が参加することになったといいます。局長から「電話交換業務は一時の中断も許されない。電信電話ともに大きな使命を帯びている。今は重大な時局に入っており、交換手にも最後まで残って仕事をする人が欲しい」、真岡中学の生徒が技術の習得をする一週間だけでもいい、八月二十三日には逓信省の小笠原丸で内地に送りとどけるからと確約されたといいます。戦後、残留は局長の命令だったからなのか、女性たちの自発的行為であったのかが問われました。後者の主張は「上から押しつけられたものでは断じてない。女ながらも逓信精神の権化であった。死ぬまで職務を奉じた」として美談化され、九人の女性たちが自決した責任の所在は曖昧となっています。

以上の歴史的知見を踏まえると、ドイツでも日本でも

図3　亡くなった女性電話交換手の霊を慰めるために建てられた「九人の乙女の碑」

〔提供〕稚内市観光交流課

「女性兵士は存在しない」という見方が一般的でしたが、実際にはそうではなかったように、日本でも女性の「通信戦士」が存在し、国家のために命を投げ出すことが求められていました。ドイツの元国防軍女性補助員の証言では、この建前と現実の矛盾を女性自身も内面化し、沈黙してきたといいます。女性兵士であったことを認め、当時を回想することのできない背景には、国防軍の女性補助員が敗戦による本国への帰還途中で捕虜になり、性暴力や処刑を含む、激しい報復に晒された（さら）という事情もあったといいます。国防軍女性補助員は、兵士の一部としてナチスと同一視されていたからこそ、戦後には報復の対象となったのです。日本についてはどうだったのか、今後の実証研究の進展が待たれるところです。

いずれも平時であれば「見えない労働」に従事していたわけですが、戦時には国家のために闘う「戦士」としてもち上げて「戦意」を高揚させ、戦後は一転してまた元の職場に押しもどしたのです。こうして、戦時中に女性が「通信戦士」として電話や電信を操作した記憶は失われていきました。

4 職場文化と職業病のはざまで

「見えない労働」という職場文化

ここで、電信業務にも改めて目を向けたいと思います。一八七八年に開局し、日本全国の通信網の中心となった東京中央電信局では、開局当初三〇万通だった電報数は、翌年には五二万通、一八九〇年には一二〇〇万通となりました。電報の取扱数はふえる一方であったにもかかわらず、職員の数はふえず、逓信省が発足した一八八六年にようやく定員六〇人となったに過ぎません。にもかかわらず、一八八七年の『逓信公法』によれば、職員不足による業務の多忙から、誤字を発信した技手らが減俸処分を受けています。さらに一八九〇年頃には日本で最初の恐慌を背景に、電信技手の実質的な賃金切り下げがおこなわれました。これに対して電信技手は全国的規模のストライキを起こしています。ストライキの結果、俸給は従来通りとなり、徹夜勤務者に対する夜食料などの諸手当も改善されることになりました。その一方で、ストライキが再発しないよう、逓信省は電信局や電信取扱所の担当技手が毎朝回線の相手側に氏名を伝えることを義務づけています。

この動きとも連動するかのように、二十世紀に入ると逓信事業でも女性の需要が高まっています。一九一二年に『逓信協会雑誌』に掲載された三山処士の文章には、イギリスやフランスでは電車の車掌や運転手として女性が働いていることが紹介され、女性は書記や電話交換手など細かい仕事には堪能だが、機械の取扱いには不向きであるなどという職業観は、「時勢遅れ」であるとしています。事実この時期には、逓信省における女子労働力の需要は目立って増加しています。一九〇八年度末の逓信省所属職員の統計によれば、職員数総四万四二九〇人のうち女子の判任官と雇人は、全体の二割弱にあたる七七六〇人を占めました。

一九〇〇年七月に養成規則が改正され、女性の電信技手も養成することになったことがその背景にあります。実際には、東京中央電信局では一九〇六年に、北海道では一九〇八年にはじめて女性の養成がおこなわれました。中小都市では女性の労働を賤(いや)しむような考え方が依然として強く、志願者がなかなか集まらなかったそうです。築地にあった通信養成所の女子卒業生のうち、二二人が電信局に配属されました。この背景には民間企業の賃金水準が上昇したことによる薄給の官吏離れと、それにともなう人員不足に加え、日露戦争後に外国との対外通信（一九〇六年）や気送(きそう)通信（一九〇九年）が始まり、業務量が急激に膨張したという事情もあったということです。

一九一三年の『婦人之友』には、当時目立つようになってきた女性の職業

気送通信

電信の通信文や電報などを入れた筒状の容器を、二つの地点を繋ぐ気送管（エアシューター）から圧縮空気や真空圧を利用して輸送する通信のことを指す。現物をそのまま送ることができるという利点があり、現在でも大きな病院などで活用されている。

として「女子電信係」も紹介されています。電信といえば男性の技術のように思われていましたが、この頃になると女性の進出がめざましくなっていることがわかります。江戸橋の中央電信局の第七部はすべて女性で、七〇人ほどの女性が電信を操作していたといいます。しかし実のところ、この第七部は女子のみの内国通信課で、房総・山梨・豆相の一部・長野・上武(現在の群馬県と埼玉県、東京都、神奈川県の一部の総称。)など一五回線および電話託送回線を担当していました。手動のモールス電信機を使用し、通信量の多い都内や外国語の知識を要する外国通信を

電話託送回線

電話で利用者のメッセージ(通信内容)を受け付け、これをタイプライターで書き起こす形態の通信を電話託送といい、この通信用の回線を指している。

図4　東京中央電信局外国通信課第1部通信室(1928年)
〔提供〕郵政博物館

担当するのは、依然として男性だったのです（図4）。

一八八〇年代後半には、電信技手不足による業務の多忙から、誤謬（ごびゅう）が問題化し、通信の字号（文字の大きさ）、速度、誤謬を監査する機関も創設されました。東京中央電報局に監査課ができたのが一九一八年であり、電報監査の事務をこのときから、一元的にとりあつかうようになったのです。さらに一九二二年には、電信監督機が設置され中央局と直通音響回線で結ばれている各局の監査もあわせておこなうことになりました。こうした状況の中にあって、正確に迅速に送受信する電信技手の技能は経営側から高い評価があたえられ、同僚からも羨望の眼差しを向けられました。そこから電信技手の技能をきたえる職場文化が発展することになります。電信技手同士のコミュニケーションはモールス信号だったので、新米のシゴキや通信をめぐるトラブル、技の競い合いも通信中におこなわれ、通信している技手同士の技能が高い場合、それはあたかも決闘の様相さえみせました。これが一つの職場文化を形成し、通信を阻害することもありました。戦間期には都市部を中心に、この「機上論争」が制限されるようになるにともない、自尊心をかけて戦う男性イメージに加えて――「電報は一刻もはやくはかさなければならない」

直通音響回線

モールス符号を送信し、音響器の送信音でモールス符号を聞き分けて通信文を記録する音響電信機による通信回線のこと。音響電信は、印字通信に比べて装置や取り扱いが簡便なため、通信能力を向上させることになった。

という公共に対する責任感に由来する――迅速な通信をたっとぶ「電信マン気質」があらたに登場します。「電信マン」とあるように、通信する相手との喧嘩や闘いに特徴づけられた手動式の電信業務は明らかに男性化されていましたし、だからこそ「機上論争」は禁止されてもなかなか根絶されなかったそうです。しかし、こうした互いの職能をきそう職場の様子は利用者には見えていませんでした。電信業務も利用者から物理的に見えないだけでなく、業務を遅滞なく遂行するのに必要であった「機上論争」という修練も、労働というよりも自尊心と結びつけられていました。

以上、明治時代後半から大正時代前半にかけて、電話交換業務も電信業務も、通話数や電報の数の激増と人員の不足から、業務が多忙化し、接続の遅延、間違いや誤謬が問題化していたことがわかります。また、こうした問題を技術の力によってカバーする、自動化するという方向ではなく、さしあたり当事者の「見えない労働」(電話交換手であれば「感情労働」、電信技手であれば「電信マン気質」)に負っていた点も共通しているでしょう。ただし、一方が感情をおさえて我慢する、他方が自尊心を守るために闘うという「見えない労働」の特性の違いに応じて、前者は女性、後者は男性の職業としてジェンダー化されていました。とはいえ現実的にはいずれの業務にも両性が存在したことには注意が必要です。少数ではあれ、男性の電話交換手や女性の電信技手は存在したのです。

「技能」に対する評価と「職人気質」

東京中央電報局の次長を務めた山我義二郎は一九六一年に、「トンツーのうまい人（筆者注：電信の「技能」が高い人という意味）は同僚や先輩からも珍重がられるし、部屋を歩くにしても肩で風を切って英雄然たるものだったからな」と振り返っています。モールス電信機をあつかう技能の高い電信技手は、「戦国時代にたとえれば甲斐の武田信玄・尾張の織田信長・奥州の伊達政宗」というように英雄としてあつかわれ、全国的にも有名になっていたそうです。

こうした「超一流」とされ、英雄視された電信技手は、「無訂正、聞き返しなしで一日中通信」したといいます。これは、相手が次々とモールス信号で伝えてくるメッセージを、メモするまでもなく完全に覚えていたということです。このため、「その後を担当する者は災難で、相手にしてくれないのだ。誰誰にかわれと指名手配でね。所要時間なんて問題にしない時代だから半日位の通信ストップ位い平気なもの」だったと坂本はいいます。さらに、英雄の一人として語り伝えられる渡辺音二郎は、「電報一本を丸ごと覚えていて後から受信する」「あこがれの的だった」といい、この技能が「電信屋の妙技」だとされています。

同じく東京中央電報局の次長をつとめた坂本三郎が電信技手となった戦前は、「技術さえよければ選抜試験でどんどん卒業できた」というように、技能の鍛錬は当時の電信技手の生活の大部分を占めていました。何よりも技能が、彼／彼女たちの「電信屋」としての評価の基準であったからです。

職業文化と職業病のはざま

一八八七年前後の電信技手の事情にくわしい松代松之助が、「其頃の繁線(はんせん)担当者といふ者は大層幅を利かせたもので(中略)着物の下から赤い袖などを覗(のぞ)かせて、ゾロリとした風で威張ってゐた。其頃のオペレーターは、最初の頃は蛮骨(ばんこつ)振りを発揮し、斗酒(としゅ)猶(な)ほ辞せず(いわゆる大酒飲み)といふ様な豪傑が多かった」と回顧するように、彼らの生活様式は、服装も含めて、文明開化を象徴するハイカラなイメージをあたえていたようです。事実、文豪である夏目漱石の兄も電信技手として働いたことがありますが、その当時「紅裏(もみうら)の着流しで働いていた」と伝えられています。「蛮骨」「斗酒猶ほ辞せずといふ様な豪傑が多かった」とあるように、電信技手の間では当初から飲酒や喫煙、遊興もさかんだったようです。その後、郵便電信学校を卒業し、将来を嘱望された樋口為之助も、入職した当時を思い起こし、「今から思えば実に身の毛もよだつ程あぶない道を通って来た」と記しています。当時は「品行の修まった者は、誠に少ない」状況で、「酒色に耽(ふけ)るのは、電信技手間の特有の性質としてとがめない様な有様」であったと

郵便電信学校（東京郵便電信学校）

明治２年に日本に電信線が架設され、電信事業が発達するとともに、電信業務を担うオペレーターのニーズが高まった。このため、工部省、後に逓信省が、技術者や職員(オペレーター含む)を育成する学校を設立した。東京郵便電信学校(明治23〜38年)もその一つである。明治６年に東京に修技学校が設立されたのを皮切りに、これが東京電信学校、東京郵便電信学校、通信官吏練習所、逓信官吏練習所と名称を変え、日本電信電話公社の電気通信学園、NTT社の電気通信学園にまで発展した。

も証言しています。家庭で飲酒を禁じる教育を受けてきた樋口は違和感を抱きつつも、同僚の影響で「いつ知らずともなく、酒を飲み、煙草を喫し、寄席や劇場の様な悪しき所に出入り」するようになったというのです。朝から暴飲癖のあった電信技手の新關光蔵も、「家庭の平和」の崩壊、「財政の困難」、「名誉と信用」の失墜を経験し、精神に異常をきたすにいたったといいます。職場のかもし出す男性的で「蛮骨」な雰囲気、職場文化というだけでなく、若年男性が多く、ストレスがつきものの労働環境にあったことも、その背景にあったのでしょうか。

電信の利用者が激増する中、電信業務には機械のような正確さと迅速さが求められるようになります。一九六二(昭和三十七)年に戦前を知る三六歳の電信オペレーターが、当時の電信技手の姿を振返り、「一分一秒の瞬間に生きるというと大げさだが、時分に刻まれる職場、あるタイプがつくられる」と記しているように、時間の正確さに過度に敏感な人間が形成されたといいます。電信作業は一見単純な反復作業のように見えますが、当時の専門家が述べているように、実のところ高度な神経機能の活動を基礎とする耳・眼と手の協応動作によって遂行される、非常に複雑な神経・精神作業でした。このような作業をとどこおりなく進めるためには、電信技手がたえず技能を高めること、その注意を意識的に持続させること、そして、こうした主体的な努力のほかにも諸般の管理が必要とされていました。モールス通信が得意な人は、その苦労に対して高い評価と報酬が払われていたために充実していたでしょう。しかし中には、モールスが苦手で覚えられないのを苦にして自殺する人、指が太いなどの身体的な理由のために「落ちこぼれ」る人もいました。また、「落ちこぼれ」ることはないまでも、電信技手にはスランプがつきものでした。たとえば先の坂本三郎は、「一口にトンツー屋というが、一人前になるには大変なのだ」「手くずれの苦しみは、スランプのときの野球選手がバッター・ボックスに立つ思いだな」と回想しています。興味深いのは、この文章に続く「手くずれ」に関する件です。

僕は通信では人後に落ちなかったが、手くずれには苦しんだよ。(中略)それに手くずれだからほかにかけてくれと上役に言うのにひけ目を感じて言えない。僕がなおったのは複流電鍵だったな。いずれにしても資本は右手にあったのだよ。

「手くずれ」とは腱鞘炎に類似した症状をもつ、習い始めて二～三年後に訪れる「スランプ」のことです。この証言からもうかがわれるように、これが職業病であるという認識は一般に希薄でした。「手くずれ」をわずらうと、どうしても特定の文字のみが打てなくなるため、電信技手にとっては致命的な問題でした。「現場では練習もままならず症状が悪化してしまい、重症になれば送信用紙を見ただけで手がこわばってしまう」こともありましたが、

複流電鍵（Double Current Key）

電鍵(telegraph key)とは、レバー(つまみ)を使って電気回路を断続させて(電流をオン・オフにして、長点と短点を表現する)、モールス符号を送信するための装置である。電鍵にはレバーを上下に動かす縦振り電鍵と左右に動かす横振り電鍵があり、縦振り電鍵の中に、レバーとの接点が一つの単流電鍵(Single Current Key)と接点が複数の複流電鍵がある。

約九割の人がこれを克服したといいます。

作業の迅速さや正確さが、監査や電信競技会の開催を通していっそう求められるようになり、技能の高い「英雄」が輩出されました。しかし一方で、それについていけず「脱落する」人々や、技能中心主義のかたよりに問題意識をもつ人々もうまれました。事実、腕のよい電信技手は、迅速かつ正確に大量の電信の送受信をこなすことはできても、神経質・几帳面な性格になることに加え、電信業務に専門化したことが禍して、その後の転職が容易ではなかったといいます。

一九〇九年生れの泉節太郎は、首尾よく転職をはたした少数派の電信技手の一人です。泉は二三歳のときに広島郵便局の電信課に配属され、約六カ月の勤務後に蓄膿症をわずらうことになりました。当時の鼻の手術は脳にこたえ、このため手術後に騒音の酷い電信機械室で働くのは辛く、強い疲労を感じたといいます。ところが、優秀であった泉は広島逓信講習所の教官を命じられます。「もう夜勤も宿直もない、電信のあの騒音も聞かないですむ」と、泉は喜んだといいます。しかし実際のところ、転職がむずかしいという事情で、電信機械室の騒音や「手くずれ」にたえ、潰れてしまうまで、職場に残り続ける人も少なくはなかったでしょう。

神業的な技能の持ち主たちや逓信事業に長く従事した者たちの回想録では、機上論争は若き日の苦しくきびしい経験には違いないが、自分自身でこれを克服し、次の段階にステップアップしたよき思い出として記憶されていることがしばしばですが、電信技手でもあり、戦後に日本ホーリネス教団の創設者、指導者ともなった車田秋次の叙述には、「正典」からはかき消された（表向きの記録では語られることのない）負の記憶が書きとめられています。

「就職した始めは未熟でしたから何の線に掛かってもへボばかりやられました。又怒られてときどき酷い目に逢ひました」と、車田も最初は機上論争でいじめられていたことがわかります。しかし上達すると「よく喧嘩をやりましたから大層心配して遂に脳溢血に迄なりました」といいます。さらには、「真に口や筆に盡せぬ又云ふべからざる不安心」「正直なはなし心のなかでは戦慄で居りました」「勝ったにしても如何です決してよい心持のするものではありますまい」「戦い最中も左様です胸がどきどきして堪ったものではありますか」と、機上論争中の彼の「不安心」と「戦慄」に満ちた心の動きが素直に記されています。

戦後は「手くずれ」が職業病であると認識され、組合の要求で技能検定が廃止されましたが、それまでは自分で克服できる「スランプ」と考えられていたようです。「電報一本を丸ごと覚えていて後から受信する」という技能の高さで、同業者の憧れの存在だった渡辺音二郎さえ、「電信技術者に有勝ちな「グラス・アーム」（手くずれ）に陥った僕が、宿直の夜を徹して電信の基本的練習に涙を流したのも、こうした先輩からの凄い鞭撻があればこそだった」と回想しています。科学的根拠がないにも関わらず、激しい練習をすればするほど、不調はのりこえられると信じられていたのでしょう。

それでは、ひるがえって海外の電信・電話局では「手くずれ」はどのように捉えられていたのでしょうか。一九二七年に逓信省官房保健課が『英国における電信痙攣症の伝播とその原因及それが予防に関する委員会の報告』を翻訳・公刊しており、イギリスでは「手くずれ」が「電信痙攣症」と呼ばれ、その防止法として左右の手でモールス電信機をあつかう、見習い中の不適者を排除する、自動電信機を使用するなどの方策が推奨されていることが知られていました。事実、「中継機械化」による印刷電信機の普及によって、事実上の電信の自動化が戦後になって進んだ日本とくらべ、欧米の自動化は戦前に進んでいましたので、この問題が大きくはならなかったのかもしれません。ドイツに目を向けてみると、やはり電信の自動化が戦間期までには進み、女性の参入が進んでいました。問題となっていたのはむしろ、電話交換業務中の落雷などに起因するとされた神経症で、これがあたかも詐病であることを想起させる「労災神経症」と呼ばれ、裁判も起きていました。こうした動きと比較すると、戦前の日本では「手くずれ」を職業病と捉えず、当事者の精神力で克服させていた節があります。上肢をひんぱんに使う電話交換手の「頸肩腕症候群」が、日本で問題化したのもようやく戦後でした。

「働く人の自尊心」と「ジェンダー」

戦前の日本の電信・電話局では、技術の力を借りてカバーしえない領域を、人間の精神力、感情労働を動員してカバーしようとしていたと推測できます。こうした感情を醸成する上で、職場文化の役割は大きかったと思われます。欧米とくらべて日本ではモールス電信機が戦後まで使用されたために、技能をたっとぶ職場文化がとりわけ長く息づき、発展したと考えられます。この職場文化が職業病の存在を隠蔽したことを考えれば、この文化が従来、「非民主的」時代の旧弊であると評価されてきたのも理解できるでしょう。変化は戦後に起きました。一九五〇年代から一九六〇年代前半にかけての、「中継機械化」による印刷電信機の普及と、それにともなう電信オペレーターの重要性の低下がその背景として考えられます。この動きと並行して、戦前は男性的な職場文化の中で、個々人で克服すべき「スランプ」として認識されていた「手くずれ」は、職業病として認識されるようになり、技能検定も廃止されました。ドイツとくらべて、労災や職業病の問題が戦前の日本の逓信部内で大きな問題とならなかったのは、男性的な技能を重視する職場文化の存在が、問題を「個人化」していたであろうことと無縁ではないでしょう。こうした心的メカニズムは、十九世紀から二十世紀にかけて、日本の電信電話事業においても、一人あたりの仕事量がふえたにもかかわらず、低コストで情報通信ネットワークを拡大できた、ミクロなレベルの背景の理解にもつながるでしょう。

　このメカニズムを理解する手がかりとして、ここで一つ提示しておきたいのが、働く人の「自尊心」です。普段は「見えない仕事」だからこそ、注目され、評価されることが、働く上での動機、やりがいとなりうるということです。もう一つの手がかりは、ジェンダーです。実際は両性がいずれの業務にも関わっていたにもかかわらず、電話交換業務や電信業務は明確にジェンダー化されていました。これは史資料や聞き取り調査からも明らかになっています。女性が女性向けの仕事、男性が男性向けの仕事ができないのは、個々人の問題ないし欠陥なのであって、システムの問題などではないという発想につながっていくのではないでしょうか。働く人の自尊心とジェンダーという二つの観点は、グローバル化の進展する現在において、コールセンターの問題を理解する上でも見過ごせません。

参考文献

石井香江『電話交換手はなぜ「女の仕事」になったのか——技術とジェンダーの日独比較社会史』ミネルヴァ書房、二〇一八年
石井香江「女の仕事／男の仕事のポリティクス——ドイツ帝国郵便における性別職務分離の見取り図と展望」『史林』一〇四(一)、二〇二一年
石井香江「「よき労働者」の心と身体——労働災害保険法をめぐるポリティクス」『社会政策学会誌』四(一)、二〇一二年
石井香江「労働とジェンダー——交差する分業体制」『二つの大戦と帝国主義Ⅱ　二十世紀前半』(岩波講座世界歴史二一)岩波書店、二〇二三年
泉節太郎『電信電話と共に』古川書房、一九八四年
川嶋康男『九人の乙女一瞬の夏——「終戦悲話」樺太・真岡郵便局電話交換手の自決』響文社、二〇〇三年
川嶋康男『彼女たちは、なぜ、死をえらんだのか？——敗戦直後の樺太ソ連軍侵攻と女性たちの集団自決』敬文舎、二〇二二年

桑原ヒサ子『ナチス機関誌「女性展望」を読む――女性表象、日常生活、戦時動員』青弓社、二〇二〇年
四国電気通信局『四国電信電話事業史』四国電気通信局、一九六〇年
鈴木裕子『女たちの戦後労働史』未来社、一九九四年
全国電気通信労働組合全電通婦人常任委員会編『殻をやぶって――全電通婦人運動のあゆみ』全国電気通信労働組合、一九八六年
全電通東京電信支部『闘いの足跡』全国電気通信労働組合、一九五七年
鶴岡電報電話局『電々鶴岡のあゆみ』鶴岡電報電話局、一九七六年
手島益雄『女子の新職業』新公論社、一九〇八年
東海電気通信局『東海の電信電話』東海電気通信局、一九六二年
東京中央電報局編『九〇年――東京中電のかお』電気通信協会、一九六一年
東京電信電話管理局『座談会――電話交換　今はむかし』一九四九年
北海道電気通信局『北海道の電信電話史』電気通信共済会北海道支部、一九六四年
前田一『職業婦人物語』東洋経済出版、一九二九年
松田裕之『電話時代を拓いた女たち――交換手のアメリカ史』日本経済評論社、一九九八年
村上信彦『大正期の職業婦人』ドメス出版、一九八三年
山田正二郎『物語電電の職場の一〇〇年――伝信局から東京中電へ』学習の友社、一九七九年
A氏『ある通信兵のはなし』(自主出版)、二〇〇三年
『国民新聞』、『読売新聞』、『通信協会雑誌』、『東京中電』、『労働科学』、『天よりの電報』も参照。

Borchardt, Knut, *Die industrielle Revolution in Deutschland* (München: Piper, 1973).

Cobbs, Elizabeth, *The Hello Girls: America's First Women Soldiers* (Cambridge, Mass. Harvard University Press, 2017).（石井香江監修・綿谷志穂訳『ハロー・ガールズ――アメリカ初の女性兵士となった電話交換手たち』明石書店、二〇二三年）

Crain, Marion G., Winifred R. Poster, Miriam A. Cherry (ed.), *Invisible Labor: Hidden Work in the Contemporary World* (Oakland: University of California Press, 2016).

Hochschild, Arlie Russell, *The Managed Heart: Commercialization of Human Feeling* (Berkeley, Calif.: University of California Press, 1983).（石川准／室伏亜希訳『管理される心――感情が商品になるとき』世界思想社、二〇〇一年）。

Lotz, Wolfgang (Hrsg.), *Deutsche Postgeschichte. Essays und Bilder* (Berlin: Nicolai, 1989).

Mundy, Liza, *Code Girls: the Untold Story of the American Women Code Breakers of World War II* (New York: Hachette Books, 2018).（小野木明恵訳『コード・ガールズ――日独の暗号を解き明かした女性たち』世界思想社、二〇二一年）。

Nienhaus, Ursula, *Vater Staat und seine Gehilfinnen: die Politik mit der Frauenarbeit bei der deutschen Post (1864-1945)* (Frankfurt/Main; New York: Campus-Verlag, 1998).

コラム

コールセンターと現代社会

石井　香江

二〇〇八年に公開されたイギリス映画『スラムドッグ$ミリオネア』の主人公ジャマールは、インドのスラム街出身の青年です。人気のクイズ番組で次々と勝ち進み注目を浴びますが、普段はインドの金融の中心都市ムンバイにあるコールセンターでアシスタント・オペレーターとして働いています。コールセンターにひしめくオペレーターにお茶を配るのが彼の仕事です。ある日、一人のオペレーターの代わりに彼が仕事を引き受ける羽目になります。突然の電話に慌てて対応することになるのですが、利用者は何度か転送された様子で、相手が中々出ないことに苛立ちを隠せません。しかも、彼がイギリスの地名を正しく発音できないため、海外のコールセンターに転送されたことを知った利用者は呆れ返ります。なるほどこのコールセンターの壁には、インド、ロンドン、ロサンゼルスの現地時刻を示す時計が掛かっています。インドの中心産業の一つであるコールセンターが、世界中の電話に対応していることを示すシーンです。事実このコールセンターでは、イギリス国内向けの携帯電話プランの営業もしているため、オペレーターがイギリス事情を学ぶレクチャーも提供されています。これは、オペレーターがイギリスではなくインドにいることを隠すためのトレーニングであるのです。ジャマールは、今どこにいるのかと問う利用者に対し、このレクチャーで聞きかじった知識を使い、自分がインドではなく利用者のすぐそばにいるのだと言い張ります。しかし利用者は最終的に「上司を出して！」と叫び、そのまま電話は切れます。利用者と企業の間に立って、営業ばかりかクレームも引き受けるコールセンターの日常が如実に浮かび上がります。企業に直接向けたい利用者の不満や怒りは、本来企業とは無関係のオペレーターに吸収されているわけです。自分が預かり知らぬ理由で、時に興奮

インドのコールセンター

〔提供〕ICCS-Insight Customer Call Solutions Ltd.

し、立腹した利用者のクレームに耳を傾けることは、だれもが好んで引き受けられる仕事ではありません。

二〇〇九年に放映されたテレビドラマ『コールセンターの恋人』では、日本の人里離れたコールセンターを舞台に、商品の注文受付やクレームに対応する人々の日常が描かれています。本社から左遷された若い男性社員と、定年後に再就職した元刑事という数人の「わけあり」男性が電話でクレーム対応をするほかは、契約社員のオペレーターの多くが女性です。現在コールセンターに関わるサービスを提供している株式会社NTTソルコによれば、パソコンやインターネットのヘルプデスクなど、金融やIT関連業界の増加で男性テレコミュニケーターが増加傾向にあるものの、長期勤続者も多い一〇四番号案内については、女性の電話応対が中心であるといいます。他方で、コールセンターが国内、国外の一定の地域にアウトソーシングされて久しいです。海外ではインド、フィリピン、タイ、国内では沖縄などの「中心」から離れた場所へとコールセンターが移動するようになったのはなぜでしょうか。これらの地域に、凄腕のオペレーターたちが生まれ育っているということなのでしょうか。

日本のコールセンターのルポルタージュを紐とくと、働く当事者の声から職場の実態が浮き彫りになってきます。元オペレーターである吉川徹は、コールセンターを「ただひたすら怒られ続けるところ」と表現しています。新聞記者の仲村和代も、「自分とは全く関係ない店頭での不手際や、他のオペレーターの対応を理由に、罵倒されることもある。そんなことに嫌気がさし、かなり早い段階でやめてしまうオペレーターは多い」という実態を紹介しています。また、阿川大樹は沖縄のコールセンターを舞台にした小説で「一日中電話で怒られて、すごく辛いって……自分のせいじゃないのに、知らない人から、毎日毎日苦情を言われるんだから」と、登場人物に語らせています。それでも辞めないのは、「田舎だからコールセンターしか仕事がない」という現実もあるようです。

海外の社会学者たちは、自らオペレーターとしてインドのコールセンターで働きながら、職場の様子やオペレーターたちの経験を綿密に参与観察し、研究を発表してきました。グローバル化の中でトランスナショナルな顧客サービスを担うインドのコールセンターでは、教育を受けたミドルクラス出身のインドの若者が多く働いているといいますが、これは若者たちにとって、本当の意味でチャンスといえるのでしょうか。本来アメリカ人の労働者がより高賃金で請け負うはずのコールセンターの仕事がインドにアウトソーシングされる実態を研究した社会学者のS・ナディームは、あたかもアメリカ人のようなアクセントを身につけて働くインドのオペレーターを、「瓜二つの替え玉」(dead ringer)と名付けています。

世界を股にかけて働くコールセンターのオペレーターは、自分には馴染みのないさまざまな文化、法律、経済を橋渡しする困難に直面します。自分の出自(エスニシティ、居住地、社会的背景)をさとられないように、ニュートラルなアクセントで話さなければならないし、先進国の利用者の生活時間にあわせるために、交代制で深夜勤務もおこなわなければなりません。これは、各地域に存在する固有の時間や文化という差異が考慮されていないことを意味しますが、経済がグローバル化する中、ビジネスの世界ではこれが常識となっています。社会学者のK・ミルチャンダニは、世界の中心と周縁で展開する顧客サービスを、植民地的状況と人種的階層性が相互に絡み合って形成された「国際分業」であるとして批判的に総括しています。

日本でももちろん地域の方言があり、話す調子や速度の違いが存在します。事実、利用者側がまくし立てる「大阪弁が怖い」とやめてしまう沖縄のオペレーターまでいるといいます。そして阿川の小説で、後述するような電話応対のコンクールでは「東京の言葉を話さないと不利になる」「スクリプトも、発声も、滑舌も、イントネーションも、細かく緻密にチューニング」されるとあるように、日本でも方言という地域の文化を排除し、声の標準化と矯正がおこなわれているようです。これは、十九世紀末のアメリカのベル電話会社でみられたオペレーターの「声」の規格化、人格的要素の排除とも通じるでしょう。電話の創業期にはまだみられたように、交換手が利用者と個人的な会話をしたり、自分の裁量で対応したりすることは、「一定時間内に最大の交換量を達成して利益を上げる」ことをめざす企業の視点からすれば効率が悪く、作業のプロセスも声の調子もマニュアル化が進んできました。

とはいえ、もちろんオペレーターの仕事にメリットや魅力がないわけではありません。先の吉川は「コールセンターで身に付いたものはいくつもある」といいます。たとえば「今の職場においても、コールセンターでお客の話をじっくり聞いた経験が、知的障害の人の話をあせらずに聞いたり、自閉症の人の行動を急かさず見守ることに役立っている」といいます。また、水谷竹秀のルポルタージュの中で、ある中年女性は、「私は二〇歳で結婚しておばさんと呼ばれて、社会人になってデブ扱いされて。社会であまり女性としてみてもらえなかった経験が影響しているかもしれないです。それが顔もみえない、年齢もわからない状況の中、電話で一生懸命相手と話すことで自分を褒めてもらえるようになる。あの達成感が嬉しかった」と語っています。仲村がインタビューした女性も、「年齢や経歴を問われないため、結婚退職のブランクなどがあっても、再挑戦できる。シフト制なので働く時間も調整しやすく子育て中でも働きやすい」、しかも「続けてみると、本当はおもしろい仕事なんですけどね」といいます。仕事を継続すれば技能がつちかわれる。技能の高さによって得られる利用者からの高い評価や感謝の気持ちが、オペレーターの仕事の楽しさや自尊心にもつながるのでしょう。「見えない労働」にはデメリットだけでなく、働く側の年齢、エスニシティ、ジェンダー、セクシュアリティが問われないメリットがあり、マイノリティにとっての就労機会の創出ともなることは、海外の研究でも指摘されています。このあたりは電話交換手という仕事のもっていたメリットや魅力、それに起因する長期勤続とも重なっています。男性が多く女性の事情を理解してもらえない職場よりも、女性が多い職場の方が、家庭生活と両立させて働き続ける仕組みが整いやすいでしょうし、理解も得られやすいのでしょう。

公益財団法人日本電信電話ユーザ協会は毎年「電話応対コンクール」を実施し、二〇二三年で六三回目を迎えます。これは、「顧客満足経営の推進を図るための人材育成」を目標に、電話応対の技能を競わせるコンクールです。阿川の小説で書かれているように、「なんといってもコールセンターは人とその技能が大事」なのです。ちなみにコンクールの入賞者には男性も複数存在し、一般的なイメージとは裏腹に、男性がオペレーターの仕事をこなせないとか、苦手なわけではないことがわかります。つまり、オペレーターの技能は生まれもった「適性」というよりも、個々人の資質であり、育成されうるものなのです。しかし、一九九〇年代後半から大手コールセンター・エージェンシーで働き始めた女性の次の証言を読むと、この認識が広く共有されているかどうか、はなはだ疑問であります。

「実際は高度なスキルを求められるのに、賃金は低く、『誰でもできるような仕事で、大したことをしていないんだ』と刷り込まれる。私たち自身も、これは末端の仕事だ、こんな仕事をしているのは恥ずかしい、と思わされている。悲しい構図なんですよね」(仲村　二〇一五、六一頁)

この証言の中に、コールセンターのオペレーターをはじめ現代社会に存在する多様な「見えない労働」(六八頁参照)の担い手達の徒労や諦念を感じ取ることができます。「実際は高度なスキルを求められる」仕事であるのに、女性や若者、外国人などの周縁化された社会集団が担い手であるがゆえに、「誰でもできる仕事」とみなされ、賃金は低く抑えられています。しかし、利用者対応の「感情労働」

は決して簡単な仕事ではありません。ましてや特定のジェンダーや人種の生まれもった「適性」でもありません。技能を高める研修やフォローをはじめ、感情の高い負荷に見合った社会的評価や賃金が与えられなければ、優れたオペレーターほど愛想を尽かして仕事を辞めてしまうでしょう。離職率が高ければ、技能の高いオペレーターは育たず、それが利用者側の不満を招き、オペレーターへの悪態やクレームにつながる悪循環を生みます。この循環を断ち切るためには、労働力を使い捨てるのではなく、高い技能を身に着けた人材が支える、持続可能な職場を増やしていく必要があるのではないでしょうか。

参考文献

阿川大樹『インバウンド』小学館、二〇一二年
石井香江『電話交換手はなぜ「女の仕事」になったのか――技術とジェンダーの日独比較社会史』ミネルヴァ書房、二〇一八年
シルヴィア・ウォルビー他編著『知識経済をジェンダー化する――労働組織・規制・福祉国家』ミネルヴァ書房、二〇一六年
仲村和代『ルポコールセンター――過剰サービス労働の現場から』朝日新聞出版、二〇一五年
水谷竹秀『だから、居場所が欲しかった。バンコク、コールセンターで働く日本人』集英社、二〇一七年
吉川徹『コールセンターもしもし日記――ご意見ご要望、クレーム、恫喝…反論せずにお聞きします』三五館シ

ンシャ、二〇一二年
吉見俊哉『「声」の資本主義――電話・ラジオ・蓄音機の社会史』講談社、一九九五年
Aneesh, Aneesh, *Neutral Accent. How Language, Labor, and Life Become Global*, Duke University Press 2015.
Hochschild, Arlie Russell, *The Managed Heart: Commercialization of Human Feeling*, University of California Press, 1983.(＝二〇〇一年、石川准・室伏亜希訳『管理される心――感情が商品になるとき』世界思想社)
Mirchandani, Kiran, *Phone Clones: Authenticity Work in the Transnational Service Economy*, Ithaca, NY: Cornell University Press, 2012.
Nadeem, Shehzad, *Dead Ringers: How Outsourcing Is Changing the Way Indians Understand Themselves*, Princeton University Press, 2011.

第三章 画像通信の実像と虚像

――国際写真電送と新聞報道

貴志　俊彦

写真電送ということばをご存じでしょうか。最近まで家庭で利用されていたファックス（FAX）の原型といわれています。当時の写真電信の装置は、ファックスとはちがって送信機と受信機が別々で、特定顧客向けの専用電話線（のち無線）を利用するものでした。一般の人が電信局におもむいて使用する写真電報よりも、新聞社や通信社、企業、警察が利用する写真電送のほうが、はるかに多かったのです。

スマートフォンなどで簡単に画像を送れるようになった現在では、ファックスさえ過去の機器になりつつありますが、一九二〇年代末、写真電送は画期的な技術として開発が進められていました。とくに、ドイツのシーメンス社やテレフンケン社、フランスのベラン社、アメリカ合衆国（以下、アメリカとする）のAT&T社（アメリカ電話電信会社）などが開発競争に参入した結果、写真電送は実験から実用の時代に入ります。

第一次世界大戦期から新聞紙面を飾るニュース写真は、「見るニュース」「生きたニュース」とうたわれており、新聞社や通信社は、オリンピック・イベント、自然災害、戦争、紛争、著名人の活動など

第3章のPoint

- 写真電送の普及が20世紀前半の報道や国際関係にあたえた影響について考える。
- テレビもインターネットもなかった時代、新聞写真は「見るニュース」「生きたニュース」だった。
- 写真電送の技術とネットワークが写真報道の速報性を飛躍的に高めた。
- 戦況ニュースの伝達という国策的な要請からも遠距離電送は重視された。

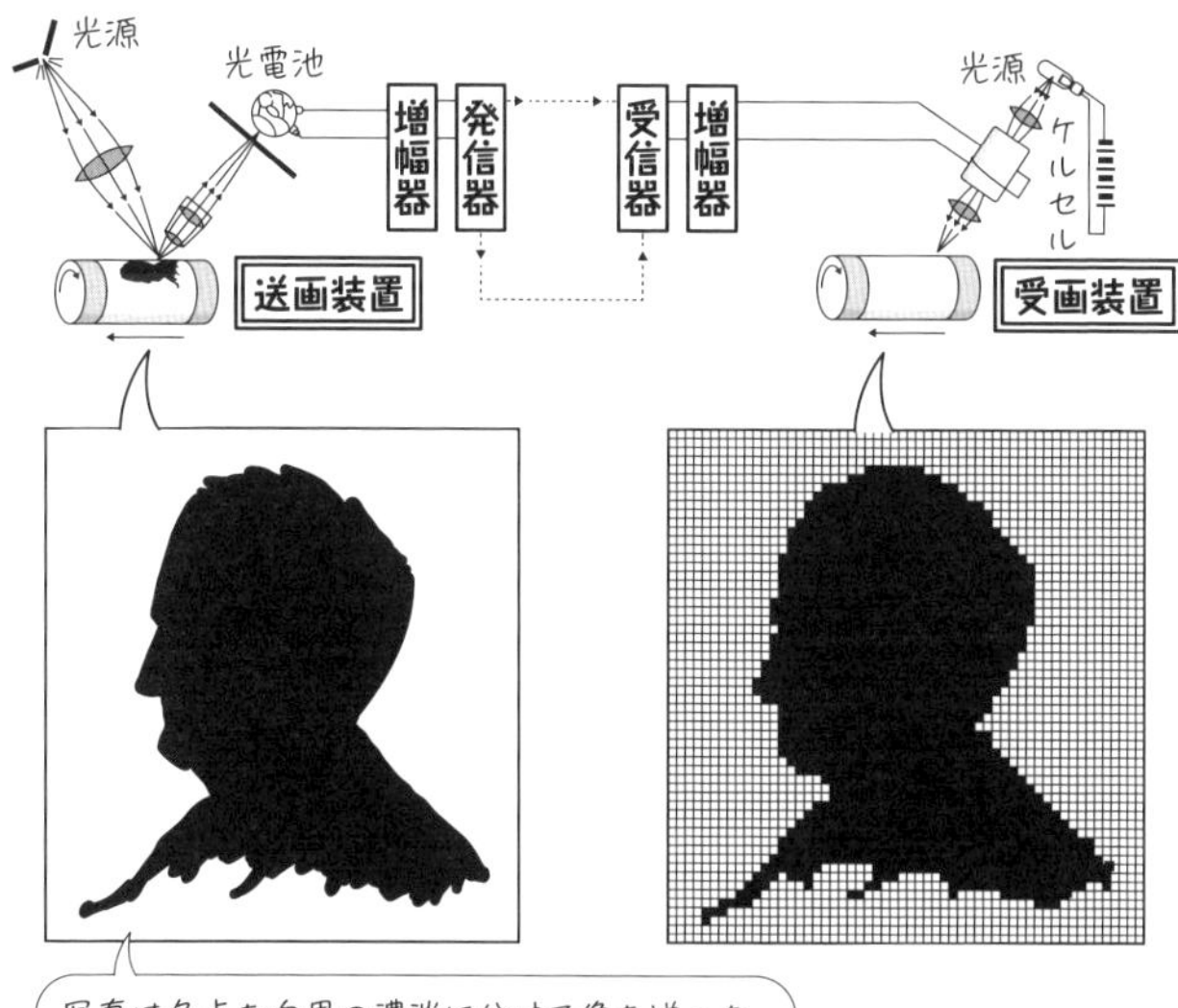

写真電送

原画の各点の濃淡に応じて電流の強弱を発生させ、この強弱の電流を電線または電波によって遠隔地に送信し、受信側ではその電流の強弱に応じて光線の強弱を起こして、これを感光紙に投射させる方式をいう。

をめぐる速報の伝達にしのぎを削っていたのです。写真の空輸にくらべても速報性が圧倒的に高い写真電送は、海外での戦況ニュースの伝達という国策的な要請からも重要視されました。

本章では、写真電送が日本と東アジア、日本と世界をどのように結びつけていたのか、遠隔通信で送受信された写真は戦況ニュースをいかに報道し、国家間のイメージ形成にどのような影響をあたえていたのか、こうした点について考えてみたいと思います。

1　国際無線写真電送の萌芽期

写真電送とは何か?

ひとくちに写真電送といっても、写真だけを対象としていたわけではありません。一九三〇年八月、逓信省(ていしんしょう)は、東京―大阪間の公衆電話線を使ってはじめて一般向けの写真電報の実験をしました。そのときの素材は、『写真電報』という冊子にまとめられています。写真をはじめ、手紙、契約書、広告、商標、商品見本、設計図、さらには書やデザイン、楽譜、天気図、地形図のほか、レントゲン写真、指紋の写しなどもあり、多種多様な用途が想定されていたことがわかります(**図1**)。しかも、記載されていた文字も、日本語をはじめ、英語、中国語、ハングル、サンスクリット語などのほか、速記もありました。こうしてみると、逓信省が一般公衆向けの写真電報にどれほど期待をいだいていたかを知ることができるでしょう。

ところが、実際には逓信省の期待通りに技術が普及したわけではありませんでした。

日本における初の写真電送の利用

日本ではじめて写真電送の実験がおこなわれたのは一九二四年三月、場所は海軍技術研究所だといわれています。三菱がドイツから輸入した機器が用いられたそうです。その四年後、写真電送は実用に向けた通信実験が繰り返されます。そのきっかけは、一九二八年十一月に開催された昭和天皇即位の大典をめぐる報道合戦でした。この式典報道に対する新聞社からの取材要請が頻繁にあり、逓信省は、臨時的ながら公衆電話網を報道用の写真電送に使用することを承認したのです。この国をあげてのメディア・イベントをきっかけとして、日本における写真電送の道が開かれます。

この報道合戦の準備のために、毎日系の新聞社（『大阪毎日』、『東京日日』）はフランスのベラン社から、朝日系の新聞社（『大阪朝日』、『東京朝日』）

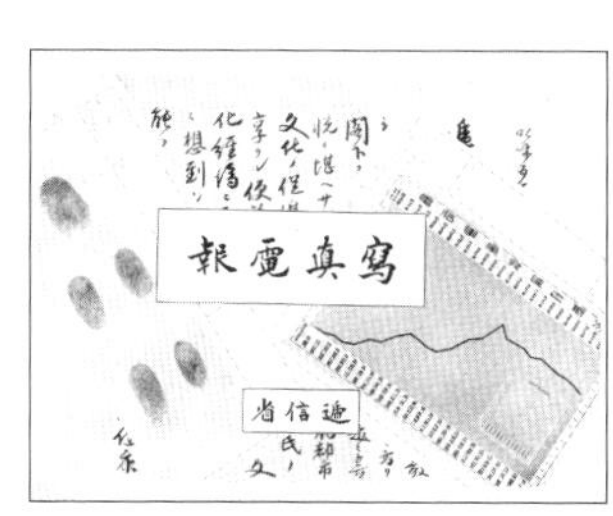

図1　逓信省『写真電報』1931年3月の内表紙
〔所蔵〕国会図書館

や日本電報通信社はドイツのシーメンス社から、それぞれ写真電送のための最新装置を購入します。しかし、いずれの輸入装置も、気象や気温の影響で回線状態が悪くなったり、フェーディング（電波の干渉）などが起こったりして、画像の電送がうまくいきませんでした。

そこで、大阪日日新聞社が急きょ日本電気（NECの前身）の丹羽保次郎、小林正次らに開発を依頼します。こうして完成したのがNE式の写真電送装置でした（**図2**）。これが国産第一号となります。NE式は、式典報道で輸入機器よりも安定した画像を電送することができたため、国内での評価を高めることになりました。

不調だった写真電報のすべり出し

逓信省は、当時開設されていたベルリン（ドイ

丹羽保次郎（1893〜1957）

電気工学者。東京帝国大学工科大学電気工学科卒業後、逓信省電気試験所を経て、1924年6月に日本電気に入社。戦後、東京電機大学初代学長、社団法人テレビジョン学会初代会長、米国無線学会(IRE)副会長などを歴任し、1985年には「日本の十大発明家」にあげられた。

図2　NE式写真電送装置発明当時の実験装置と丹羽保次郎

〔所蔵〕画像電子学会

小林正次（1902〜75）

電気工学者。東京帝国大学工学部電気工学科卒業、日本電気に入社、のち役員となる。戦後、画像電子学会を発足させ初代会長に就任。慶応義塾大学工学部教授、中部工業大学教授として後進の育成にも努めた。

ツ）―南京（中国）間の無線通信を意識してか、このNE式の写真電送装置を使って、一九三三年から大阪と東京の間で公衆電話線を用いた一般向けの写真電報の取扱いを始めます。その三年前の八月二十一日に施行された「写真電報規則」によれば、写真を貼付する写真電報頼信(らいしん)送達紙のサイズは、甲号（一八×二六センチ）、乙号（一八×一三センチ）の二種類で、電報料はそれぞれ八円、五円でした。着信した写真の配達は無料普通郵便扱いで、その区域は大阪市、東京市（現在の東京都東部一五区）の一部地域に限定されました。それ以外の両市内地域では特別な配達料三〇銭が必要とされたほか、依頼とともに即座に送信する場合の至急料には電報料と同額の費用が求められました。こうして、日本でも一般公衆向けの写真電報の取扱いが始まったのです。

写真電報のめずらしさも手伝って、東京中央電信局での開始初日は六六通、二日目は三〇通の利用がありましたが、その後は一日あたり平均七通ほどしか利用されませんでした。利用別にみると、もっとも多かったのが新聞写真、次が商品のカタログ見本、そして個人間の一般電報と続きます。ところが、百貨店や銀行、会社などの商用利用は、実に少なかったのです。その後半年たっても、一日あたりわずか五、六通程度、多くても一五、六通に過ぎない状況が続きます。年間収益を計上しても、わずか一万五、六〇〇〇円くらい。これでは人件費にもたりない額でした。

逓信省としては、新しい事業として期待していた一般向けの写真電報業務が惨たんたる結果になったため、利用者の範囲を拡大するために、以下の措置をとります。①電報料三円ほどの小さめの丙号(へい)

(一八×八センチ)の取扱いの開始、②日本全国への配達の拡大、③速達配達先に横浜、神戸、京都などの追加、④印画紙に焼きつけない原版のままの配達などでした。②のように配達先の拡大という計画は、一九三一年八月に香港—広州(中国)間のNE式写真電送装置実験で良好な成績をあげたことを反映したものでした。

有線から無線へ、長波から短波へ

当時の日本にとって、海外との写真電送をおこなうには、無線技術の開発が不可欠でした。無線通信の技術開発は国益に関わるきわめて重要な課題であったのです。現代では想像もできないでしょうが、海外との交信において、日本は戦後直後まで通信自主権をもっていなかったからです。

明治時代以来、日本と欧米との間でおこなわれた国際電信を利用するたびにイギリスのイースタン・テレグラフ社、アメリカのコマーシャル・パシフィック・ケーブル社、デンマークのグレート・ノーザン・テレグラフ社などの外資系企業に海底線使用料を払っていたことが国益の損失であり、日本独自の通信事業の発展を妨げる原因であると認識されていました。時期による違いもありますが、当時、イギリスは世界の海底線の約六〇%を、アメリカは二五%のシェアを占めていたといいます。

こうした通信特許の問題を克服するために注目されたのが無線通信でした。とくに一九二〇年代後半に起こった電波(長波)の取得競争が激しくなる中で登場したのが短波による通信です。NE式の写真電送装置も、短波無線を使って海外との間で写真の送受信を実現できれば、それは画期的な技術になると期待されたわけです。

注目を浴びた満洲事変報道

一九三〇年代は、日本の技術開発の時代、国際通信政策の画期点にあたっていました。当時の日本は軍部が台頭してきた時代ではありますが、海外への通信事業の着手は、周辺地域との軍事紛争だけがきっかけだったわけではありません。オリンピックや万国博覧会などのメディア・イベントへの参画、対外交易の促進を通じて、日本政府が国際的なステータスの向上をねらっていたことも重要な要因でした。

ただ、写真電送の海外展開の契機となった事件として、一九三一年九月十八日に中国東北部で起こった満洲事変(中国ではその日付から「九一八事変」といわれています)を見過ごすことはできません。この日から、翌年早々に起こった第一次上海事変直後までの戦況ニュースに、国民の関心が集中します。

逓信省は、こうした時代状況を反映して、当初計画していた日本本土

無線通信(長波と短波)

一般に周波数が低い電波を長波、周波数が高い電波を短波という。1920年代後半から、高いアンテナが必要で送信距離が短い長波無線に代わって、短波無線が登場する。短波無線は、設備費がかからず、通信線の切断の不安もなく、何より電離層(F層)と地表との反射を繰り返しながら遠隔地まで伝わった。日本では、1930年代にはその短波無線を利用したラジオ放送、国際電話、写真の遠距離送受信が進められた。

と台湾との写真電送を後送りにして、満洲事変の報道を優先させます。むろん、これには日本陸軍や関東軍（満洲に配置された日本陸軍の一部隊）の意向が反映されていたわけです。

そこで満洲に出張した日本電気の丹羽保次郎らは、一九三二年七月に関東軍特殊通信部の支援を受けて、東京と奉天（満洲）との間でＮＥ式による無線写真の電送実験をおこないました。この遠隔通信の実験が良好であり、同区間における写真電送は実用に移されます。まだ日本本土でも写真電送の無線利用が成功していなかったため、軍部はこれに注目し、陸軍でもＮＥ式が標準装備として用いられることになりました。

こうして、ＮＥ式が産・官・陸軍各界において標準の写真電送装置になり、海外との写真電送の道を切り拓いていくことになります。

無線写真電送と空輸

当時、写真の空輸も有効な手段とみなされていました。一つの例を見てみましょう。一九三一年十一月十三日付『東京朝日』夕刊に掲載された写真「天津日本租界旭街の鹿柴（柵）」です（図3）。この写真は、十日に天津から大連（関東州）まで汽船で運ばれ、その翌朝には朝日新聞社の自社機で大連から平壌、さらに別の飛行機で平壌から蔚山まで空輸、蔚山からは連絡船にて門司へ搬送されました。その次の日に福岡の行橋から朝日新聞社の自社機で大阪朝日本社に空輸されたあと、同社から東京朝日本社に電送されて紙面を飾ったと記録されています。ただ、このときの写真電送の圏域は、まだ国内にとどまっていました。

一方で、先述の一般向けの写真電報事業は、一九三二年になっても低迷したままでした。一カ月の利用数も一五〇～一六〇通にとどまり、その収益も一日あたり三〇円程度に過ぎなかったのです。そこで、逓信省は写真電報を普及させるためのさらなる手段として、通信料金の多様化と配達サービスの改善に取り組みます。新たに電送料金一円の小さな丁号サイズ（手札型）を導入したほか（日本国内のみ）、受信された写真を航空郵便で配達するサービスを始めました。

こうして電送された写真の配達範囲が、日本本土だけでなく、日本の植民地下にあった朝鮮半島や台湾、さらに租借地の関東州に拡大されることになったわけです。こうして、写真電送は、一般の人や商工業者にとっても海外との

天津日本租界旭街の鹿柴

【本社特派員撮影、十日天津より大連まで汽船便、十一日朝大連より本社の特別委託機にて平壌まで空輸、平壌蔚山間本社新野機空輸、蔚山より連絡船にて門司へ、十二日行橋にてつり上げ本社熊野機空輸大朝着電送】

図3　「天津日本租界旭日街の鹿柴」（『東京朝日』夕刊、1931年11月13日）

関係を強化するための新しい技術として注目され始めます。

台湾との無線写真電送実験

満洲事変報道が一段落したあと、一九三三年八月には台湾との間で無線による電話業務が開始されました。同時に、この電話線を利用して、台湾と初の無線写真電送の実験が試みられることになります。

台湾総督府の指示のもと、通信改善が急がれた背景として、一九三〇年十月に起こった台湾原住民によるはじめての蜂起である霧社事件が影響していました。植民地での反日運動の拡大を強く警戒したわけです。一方で、当時日本と台湾との経済交流、人的交流がさかんになってきており、その経済効果が重視されていたこともあったでしょう。

それまで台湾との写真搬送は、汽船や汽車などを用いて五日ほどかかっていたのに、この写真電送実験では、わずか十数分で送受信できたといいます。一九三四年五月三日付『東京朝日』夕刊の記事「台湾から接受した無電写真」には、「内台間見事無線で画期的な電送写真

租借地

条約により、ある国が一定期間、他国に貸与した土地のこと。日本は中国の遼東半島南部(関東州)を租借していた。租借地では、土地の潜在的主権は貸した国にあるが、実際の統治権は借りた国がもつ。

植民地の統治

植民地では、土地の主権も統治権も属領とした国家がもった。日本の場合、台湾、朝鮮半島、樺太(現在のロシア・サハリン州南部)を統治し、皇民化教育(天皇制のもとでの日本人化)が推進され、徴兵制が敷かれた。

二七〇〇キロを十数分で　東京大阪間以上の出来栄え」と書かれています（**図4**）。こうした通信実験が好成績であったにもかかわらず、一九三七年七月に日中戦争が勃発したことで、台湾との写真電報の正式な取扱いは延期されることになりました。

ベルリン・オリンピック報道

国際写真電送の意義が一般大衆に理解されるようになったのは、むしろ一九三六年夏に開催されたベルリン・オリンピックの報道が画期であったといってよいと思います。競泳二〇〇メートル平泳ぎで前畑秀子（まえはたひでこ）や葉室鉄夫（はむろてつお）、陸上競技男子マラソンで日本代表とされた孫基禎（ソンギジョン）が、それぞれ金メダルをとった大会です。ラジオによるはじめての海外実況放送で、河西三省（かさいさんせい）アナウンサーが何度も「前畑ガンバレ！」と絶叫したのは有名な話です。また、大会の写真やトーキー・フィルムも、ベルリンから陸路・空路のバトンリレーで輸送され、

図4　台湾から接受した無電写真
（『東京朝日』夕刊、1934年5月3日）

霧社事件

1930年10月に台湾山岳の霧社（現在の南投県仁愛郷）で原住民が起こした初めての武装蜂起。セデック族の頭目モーナ＝ルーダオ（1880〜1930）が中心となり、霧社の日本人、台湾人などが殺害された。台湾総督府は台湾軍・日本軍を動員。軍機、機関銃、大砲などを用いて武力鎮圧した。

一万余キロを七日と一八時間あまりかけて新聞社に到着しました。

実は、このオリンピック開催の一カ月ほど前から、ベルリン—東京間における写真の電送実験がおこなわれていたのです。この実験を担ったのは、その年の一月に発足した同盟通信社でした。同盟は、オリンピック報道のためにＮＥ式電送装置六組を発注し、社としての「一大スタート」を切ります。

この回線で最初に受信されたのが、七月三十一日にＩＯＣ（国際オリンピック委員会）の会長と日本人委員が握手する写真であり、これが八月二日に『東京朝日』朝刊に掲載されました。この臨時無線連絡は、ドイツのナウエン無線局から埼玉県の小室受信所までをつなぐもので、写真一枚あたり一七分間で受信が完了したといいます。ベルリンから東京宛の送信は一方向通信でしたが、送受信局ともＮＥ式を使っていたこともあり、日本にとっては画期的な出来事となりました。この大会の期間には計五二枚の写真が電送されましたが、そのうちもっとも印象的な例が、八月二十六日にヒトラーからオリンピック参加の日本選手たちに宛てた感謝状であったといわれています（**図5**）。

このオリンピックで撮られた写真を用いて、同盟通信社提供・大日本体

葉室鉄夫（1917〜2005）
水泳選手、ベルリン・オリンピック200m平泳ぎで金メダルを獲得。引退後、福岡日日新聞社を経て、毎日新聞社の運動部記者となる。

前畑秀子（1914〜95）
水泳選手・コーチ。200m平泳ぎで数々の成果をあげる。1932年ロサンゼルス・オリンピックで銀メダル、36年のベルリン・オリンピックでは日本女子初となる金メダルを獲得したほか、何度も世界記録を更新した。

東京⇔伯林間
NE式の凱歌
無線電送写真の初受送に
ヒ総統の日本礼讃

図5　ヒトラーからオリンピック参加の日本人選手への感謝状（『東京日日』夕刊、1936年8月27日）

同盟通信社（同盟）

当時の二大通信社だった日本電報通信社（現在の電通）と新聞聯（れん）合（ごう）社が合併して1936年1月に発足。東京に本社をおき、上海・広東に総局、華北・華中・華南の主要都市に支局を設置。戦後、共同通信社と時事通信社に分離した。

孫基禎（1912〜2002）

マラソン選手。日本統治下の朝鮮出身。1936年、日本代表として出場したベルリン・オリンピックで金メダルを獲得。終戦後は韓国陸上チームのコーチや大韓陸連会長を務めた。

育協会後援による展覧会「伯林(ベルリン)オリンピック大会電送写真ニュース展」も開かれました。この展覧会は、銀座の伊東屋を会場として八月十二日から二十一日まで開かれましたが、会期が延期されるほどの入場者数であったということです。

オリンピック終了後は、ベルリン—東京間における無線写真電送の有効性が認められて、数度の実験を経て一九三六年十二月に正式に実用化されます。

ロンドンとの臨時通信

ベルリン・オリンピック開催の翌年、一九三七年四月にイギリスでおこなわれたジョージ六世の戴冠式(たいかんしき)も、国際写真電送には重要な意味をもつイベントでした。戴冠式で撮られた写真のうち、計一四点が東京宛に電送されたといいます。そのうちの一枚が、四月十四日付『東京朝日』朝刊に掲載された写真「御着英の秩父御名代(ごみょうだい)宮両殿下」(**図6**)です。朝日新聞社がはじめてロンドンから東京宛に送信した無線電送写真でした。

図6　「御着英の秩父御名代宮両殿下(ウォータールー駅御着)」(『東京朝日』朝刊、1937年4月14日)

秩父宮雍仁夫妻

雍仁親王(1902〜53)は大正天皇の第二皇子で、日本陸軍少将。勢津子夫人(1909〜95)は旧会津藩主・松平容保(かたもり)の孫にあたる。

ロンドン―東京間で臨時におこなわれた無線電送実験は、一九三七年五月にいったん終了したものの、二カ月後に盧溝橋（ろこうきょう）事件が起こると、日中戦争のニュース写真を電送するために急きょ再利用されることになります。イギリスのC&W（ケーブル・アンド・ワイヤレス社）からの要請によるものでした。日本政府も国際社会に向けて中国との戦争の「正当性」を訴える広報宣伝に使えるとの思惑もあり、同社の提案にのります。逓信省は、九月からC&W宛に週三回、毎回写真二枚の送信業務を始めます。このロンドン宛の戦況ニュースは、ドイツ、フランス、イタリアなどのほか、アメリカにも再電送されたといいます。

しかし、日本側の意図通りのイメージが伝えられたわけではなく、『デーリー・テレグラフ』紙を見る限りでは、かえって日本軍の横暴ぶりを露呈することになりました。しかも、この戦況ニュース写真はプロパガンダ色が強過ぎたためか、ヨーロッパでは人気がなく、その後の三カ月間の取扱いは四通に過ぎなかったとの記録もあります。C&Wの思惑は大きくはずれ、結局、ロンドン―東京間の回線による写真電送の取扱いは中止になってしまいます。

盧溝橋事件

1937年7月7日、北京郊外の盧溝橋で起きた日中両軍の軍事衝突。この事件が発端となり日中全面戦争へと発展した。

ジョージ6世（在1936〜52）

エリザベス2世の父。全名は、アルバート・フレデリック・アーサー・ジョージ。第二次世界大戦中にはロンドンにとどまり、首相ウィンストン・チャーチルとの連携を強化し、国民の士気を高めた。

アメリカとの無線写真電送実験

逓信省は、ベルリン、ロンドンとの間で無線写真電送の試みが成功したのに気をよくして、次にはアメリカとの間で電送実験をおこないます。一九三七年三月末、前述した秩父宮雍仁夫妻は前述したジョージ六世の戴冠式に昭和天皇の名代として出席するために、バンクーバー（カナダ）、ニューヨーク（アメリカ）経由でロンドンに向かったのですが、ニューヨークに出発する際に同盟通信社によって写真が撮られていました。翌月、この写真をサンフランシスコ―東京間のＲＣＡ（アメリカ・ラジオ会社）の無線で電送する実験が試みられたわけです。これがうまくいき、日米間で写真電送の成功が確認されたにもかかわらず、この回線テストは同年四月末をもって中止となります。

この頃、まだ日米間、日英間での写真電送の利用が見込まれず、実用化を進めようとする世論が盛り上がらなかったからでした。

満洲への長距離ケーブルの敷設

欧米との間で無線による国際写真電送の実験が進められる一方で、東アジアでは一九三〇年代初頭以降、満洲国とソ連・モンゴル人民共和国との間の緊迫する国境問題を日本国内に伝えるため、日本と満洲国との通信網が強化されていきます。

一九三七年三月、逓信省の松前重義と篠原登が開発した無装荷搬送式ケーブル、いわゆる「日満ケーブル」が安東（あんとう）―奉天間で開通します（**図7**）。これを機として、満洲の通信事業を独占していた満洲電信電話株式会社は、一般向けの写真電報の取扱いを始める準備にのりだします。

この写真電報の実験が試みられているさなかに、北京郊外で盧溝橋事件が勃発しました。こうして写真電送の技術も、いっきに戦争の渦の中に飲み込まれていきます。

2　日中戦争期から第二次世界大戦にいたる報道戦

朝鮮海峡を越えて

満洲事変、つづく日中戦争の報道によって、新聞は低迷気味であった販売部数を急速に伸ばしていきました。それにともない、ニュース写真に対する報道各社の需要も高まっていきました。

松前重義（1901〜91）

官僚・政治家・工学博士。東北帝国大学工学部電気工学科卒業後、逓信省に技官として入省して無装荷ケーブルなどの研究を進め、その後、工務局長に就任。太平洋戦争期間中、航空科学専門学校、電波科学専門学校などを創立。戦後、衆議院議員、東海大学の創立者・理事長・総長、全日本柔道連盟理事、国際柔道連盟会長などを歴任した。

篠原登（1904〜84）

官僚・工学博士。東京帝国大学工学部電気工学科卒業後、逓信省に入省。戦後、初代科学技術事務次官となる。松前とともに東海大学の創立・経営にもかかわった。

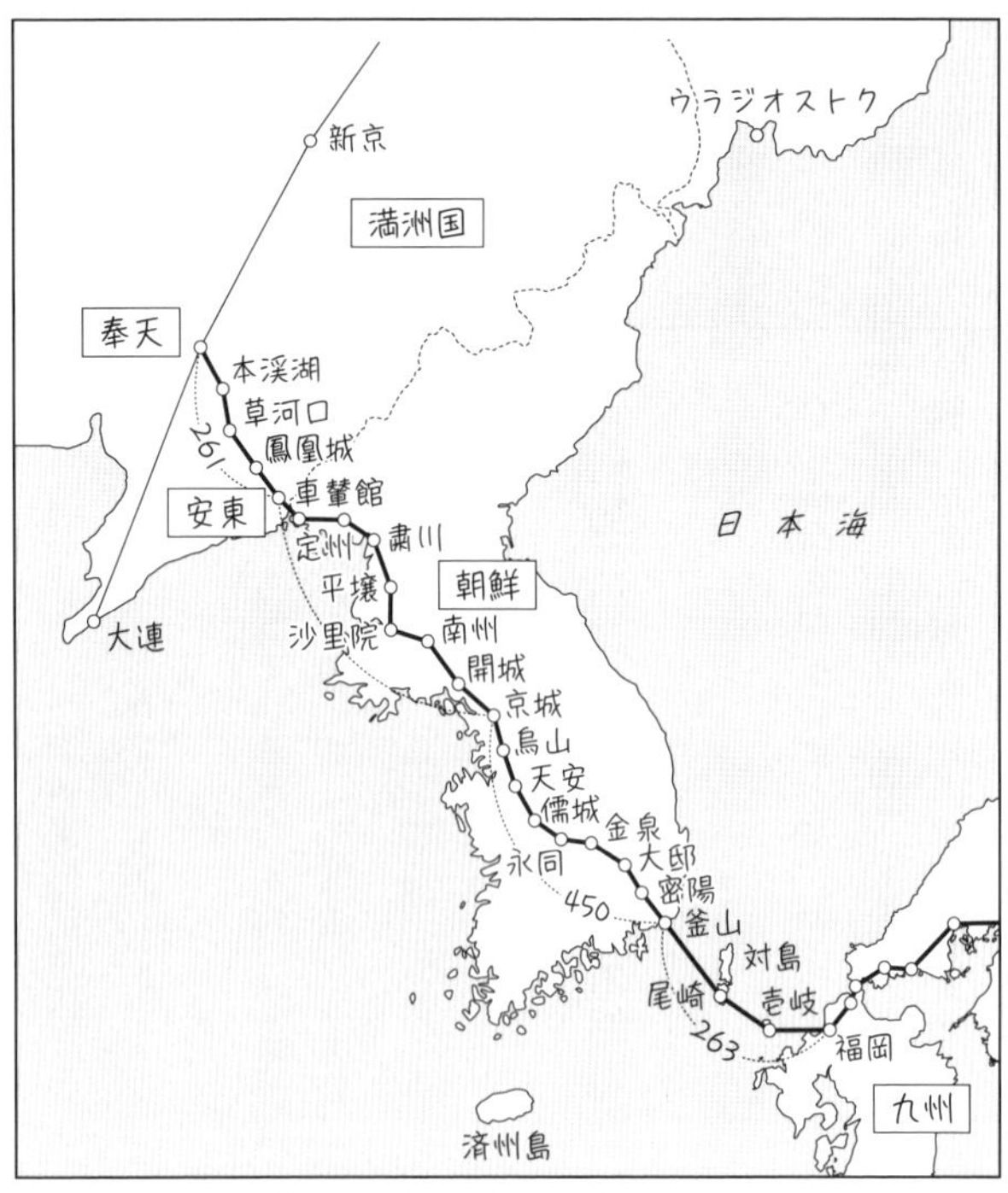

図 7　安東―奉天間の日満ケーブルルート

〔出典〕松前重義・篠原登・常葉實「安東奉天間無装荷ケーブル搬送電話施設に就て」『電気学会雑誌』57 巻 587 号、1937 年 6 月、434 頁

無装荷搬送ケーブル方式

通信省の松前重義らが開発した有線の長距離搬送通信方式。通信ケーブルの途中に装荷コイルではなく増幅器を挿入した方式は、当時の世界の通信業界でもきわめて独創的なしくみだった。

新聞社は戦地での「見るニュース」「生きたニュース」を手に入れるため、競って中国大陸に支局を設置し、中国戦線に特派員を派遣します。彼ら新聞人が撮った写真は、船舶や飛行機で搬送されたり、上海あるいは台北から東京宛に電送されたりしました。

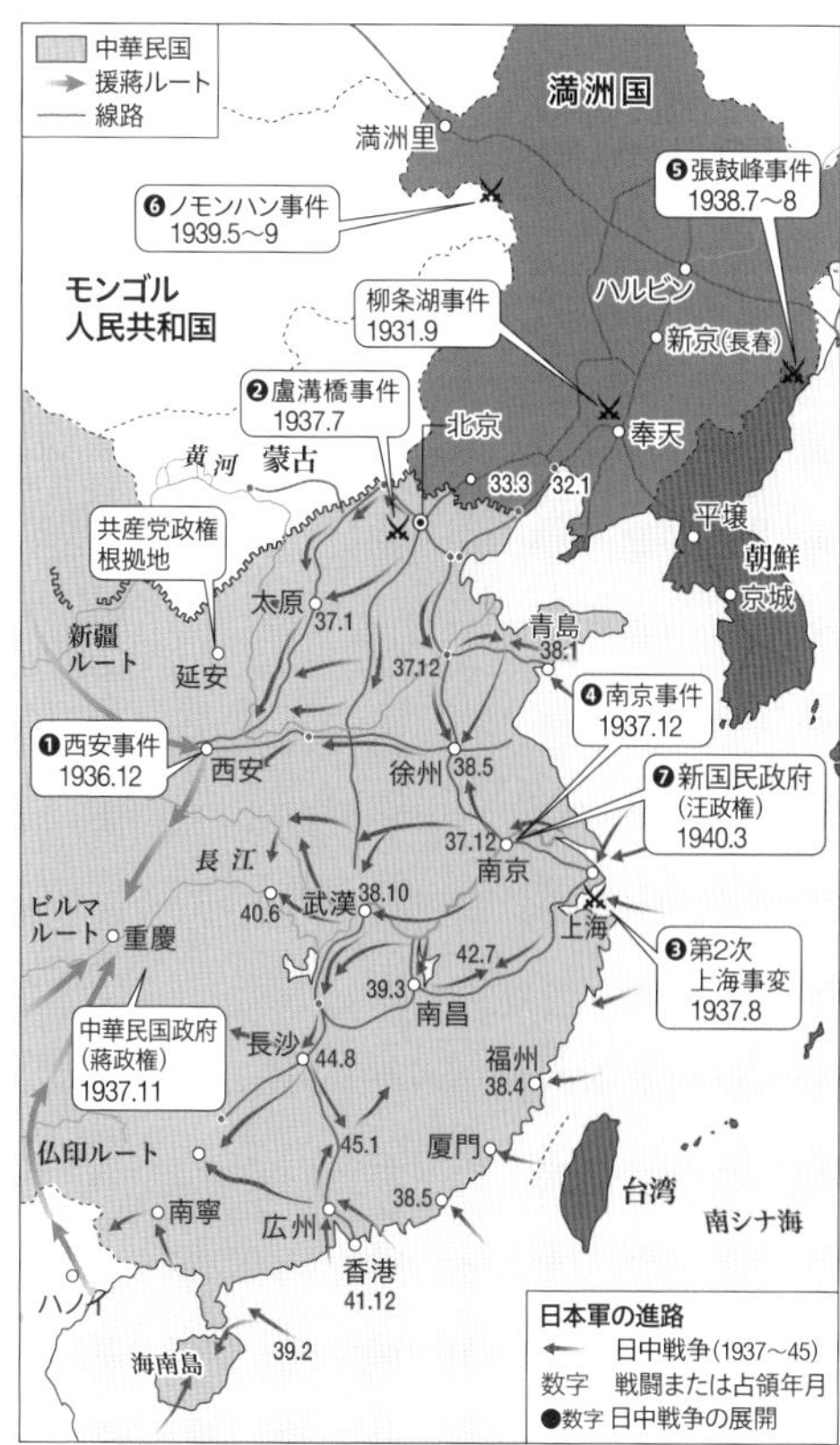

図8 日中戦争関連地図

軍部との関係の強い同盟通信社により、日本の「正当性」をアピールする写真が国内外に多数発信された。

この頃の時局報道の速報化にとって最大の課題であったのは、朝鮮海峡、黄海、渤海などの海域を越えて写真をいかに速やかに搬送するかという問題でした。すでに述べた通り、台湾との写真電送実験は成功していたからです。

当時の搬送方式の事例を見てみましょう。『東京朝日』の特派員は、盧溝橋事件直後に在留邦人が元日本大使館の施設に集合する様子や、元オーストリア大使館内のテントに避難している姿を撮っています(図9)。しかし、北京から日本本土への写真電送がかなわなかったため、これらの写真は朝日新聞社の自社機によって天津から大連、大連から京城(現在のソウル)まで搬送され、京城からは福岡行きの定期船で運ばれました。そして朝日新聞九州支社から東京朝日本社宛に写真を送るときに写真電送が使用されたのです。

ただ、日中戦争勃発直前には、すでに情報伝達を加速化する必要が認識されていました。朝鮮半島でも、一九三七年五月、朝鮮総督の南次郎(みなみじろう)が、朝鮮海峡ケーブルの敷設工事を指示し、京城と大阪との写真電送の実験を承認していたのです。

その一方で、たとえば朝日新聞社は、前年九月から実用化していた朝日式携帯用電送機を用いて、京城—東京間の無線電送を成功させ、『東京朝日』の紙面を飾ります。この回線ではじめて紙面に掲載された写真は、八月十一日付の朝刊に掲載された「皇軍の北平入城」と題した二枚でした(図10はその一枚)。

黄海・渤海を越えて

日中戦争が勃発すると、中国大陸の状況を日本国内に伝えるため、通信インフラの整備がいっそう重視されるようになりました。

ところが、一九三七年十一月に大阪―天津間の有線回線が停止したのち、同盟通信社だけが天津―東京間の軍用無線電話回線を独占することになります。同盟と軍部の関係が強かったからです。また、

北平籠城の在留邦人 【上】日本前大使館へ 【下】元オーストリー大使館内のテント＝丸山特派員撮影＝【輸送徑路】

米穀除外に
非難

図9　「北平籠城の在留邦人」（『東京朝日』朝刊、1937年8月3日）

皇軍の北平入城

(上)〇〇部隊長の閲兵 (下)〇〇部隊長と支那側各團體代表との挨拶 本社特派員八日撮影

京城・東京間電送＝朝日式携帯用電送機使用

図10　「皇軍の北平入城」（『東京朝日』朝刊、1937年8月11日）

同盟が利用した携帯用の写真電送装置は、朝日新聞社式を開発した日本電気の特許をかいくぐり極秘裏に製作されたもので、日本最初の全交流式（コンセントの交流電流を給電する方式）となった送信機でした。受信装置のほうは、陸軍中央無線電信所の固定式のものが使用されたといいます。

この同盟式による遠距離電送の最初の成功例は、一九三七年十二月に北京で開催された中華民国臨時政府（首班王克敏（おうこくびん））の成立式典の写真であり、翌日の『東京朝日』朝刊に掲載されました（**図11**）。以後の約四年間に同盟通信社は戦況ニュースに関する写真を国内各新聞社に一五五万五二〇〇枚も頒布したほか、海外向けに日本の「正当性」をアピールするために七二万枚もの膨大な写真を発信したといいます。

日中間の通信を円滑にし、戦況ニュースの日本向け速報を促進するために、戦争勃発の翌年一月に北京に華北

図 11　「中華民国臨時政府成立」（『東京朝日』朝刊、1937 年 12 月 15 日）

電信電話株式会社、同年七月に上海に華中電気通信株式会社を設立します。こうした日本の国策通信会社の設立が急がれたのは、近衛文麿（このえふみまろ）首相が提唱した「東亜新秩序」に向けた報道体制を備えるためでした。ただ、上海―東京間の無線による写真電送の臨時業務の開始は、親日派の汪精衛（おうせいえい）（汪兆銘（ちょうめい）ともいう）政権が南京に成立する一カ月前、一九四〇年二月にずれこみます。

一九三九年には、逓信省工務局は、前述した「日満ケーブル」を用いて、第二ケーブルを敷設して、大阪―北京―天津間でも写真電送の実験をおこないます。当時の東京―北京間の有線ケーブルは約三〇〇〇キロに及んでいました。これは、ニューヨーク―サンフランシスコ間につぐ世界第二の長距離の通信線でした。

さらに、日満間の写真電送実験を急いだ背景には、「北満ニ於ケル種々ノ情報」、すなわち上述した満洲国境地域の紛争、とりわけ一九三九年五月に起こったノモンハン事件（ハルハ河の戦い）があったと記録されています。

一九三九年七月の天津―大阪間の長距離通信線を使った写真電

汪精衛（汪兆銘）（1883～1944）

中国国民党左派の領袖。孫文の側近として活躍し、行政院長・副総裁を務めた。蔣介石との対立から、国民政府の拠点であった重慶を脱出。1940年、日本の占領下にあった南京に新政府を樹立し主席となった。

東亜新秩序

1938年、第一次近衛文麿内閣が「国際正義の確立、共同防共の達成、新文化の創造、経済結合」を目的として提唱した日本・中国・満洲による地域連携構想のこと。2年後の第二次近衛内閣が作成した「基本国策要項」では、「大東亜共栄圏構想」として東南アジア地域まで拡大された。

送の利用状況を見ると、朝日新聞社は天津―大阪間と北京―大阪間の二種類の回線利用数が多く、使用料金も毎日新聞社の三倍近く、同盟の七倍ほどであったことがわかります。朝日新聞社は、ノモンハン事件報道にきわめて熱心だったのです。

こうした情勢下、東京―奉天間の長距離ケーブルが新京（満洲国の首都、現在の長春）まで延長されます。日本と満洲の間の写真電送が正式に開通したのは、一九四〇年九月のことでした。

東シナ海を越えて

台湾との通信状況についても見てみましょう。逓信省は、日中戦争勃発時の影響によって中断していた東京―台北間の無線写真電送の実験を、一九三八年九月から再開します。

広東攻略戦（南支作戦）が始まると、逓信省は工務局の技師を派遣して急ピッチに通信実験を進めました。その結果、十月にはわずか七分で送受信できるようになったといいます。その実験写真が、十月三十日付の『東京朝日』朝刊に掲載された「内台間初の電送写真　広東で漢口陥落の本社貼出を見て喜ぶ長谷川部隊」

ノモンハン事件（ハルハ河の戦い）

1939年5月、満洲国とモンゴル人民共和国の国境付近で起きた日本とソ連の軍事衝突。両国ともに深刻な被害をこうむった。その後の第二次世界大戦勃発という情勢下で、9月に停戦協定が結ばれるが、1945年満洲へのソ連軍侵攻とともに破棄された。

です（一五一頁の**図12**）。

逓信省は、この実験の成功を見て、十一月から新聞社、通信社に限って東京─台北間の臨時写真電送の利用を承認します。そして、この事業を担ったのが、台湾総督府と、前年に発足した国際電気通信株式会社でした。両者の合意を得て事業はスタートしますが、電信料、通話料、電送料の七割以上は台湾総督府が支援していたので、必ずしも対等の関係ではなかったようです。

ドイツとの通信強化

日中戦争勃発以降も、逓信省は、ドイツ、イギリス、アメリカとの間で写真電送を進めるべく交渉をおこなっていましたが、一九三九年九月に第二次世界大戦が勃発すると、海底線を使ったヨーロッパ戦線のニュース写真の送受信送が中断します。

そこで逓信省はドイツ郵政省との交渉の結果、一九四〇年三月から無線による写真電送業務を開始することになります。所要時間は通信実験のときよりも短く、キャビネ判一枚あたり二〇分から二五分で送

広東攻略戦（南支作戦）

蔣介石政権が政府をおいていた漢口（現在の武漢市の一部）を攻略するために、1938年、日本軍が武漢作戦とともに実施した作戦。広東は、英米ソなどからの蔣介石政権への支援ルートの拠点となっていた。

国際電気通信株式会社

1938年3月に日本無線電信株式会社と国際電話株式会社が合併して特殊会社として発足。日本政府に対する国際無線電信、国際無線電話、国際海底線電話の設備建設保守を業務とした。1947年に解体。

受信できました。初受信は六通、初送信は一通。三月二十一日付の『読売』紙面に掲載された「電波に見るブレンネル会談　日独電送写真第一報」は、この日の一一時五分に受信したものでした(図14)。車上にいるのがヒトラー、プラットフォームで見送るのがムッソリーニです。その後のドイツ軍侵攻の写真は、この回線で次々に日本に伝えられます。一九四〇年四月コペンハーゲン侵入、六月パリ凱旋門から入城するドイツ軍の行進、四一年六月に始まった独ソ戦、同年十二月のドイツ軍のモスクワ進撃などの写真です。

　さらに、ドイツと同じく枢軸国側に参画したイタリアの情勢も、実はベルリンを通して日本に電送されていたのです。六月に、ローマのヴェネツィア広場前でムッソリーニがおこなったイタリア参戦演説に市民が熱狂する写真などは、まずローマ―ベルリン間で電送され、その後ベルリンから東京宛に写真電送されたものでした。この通信ルート

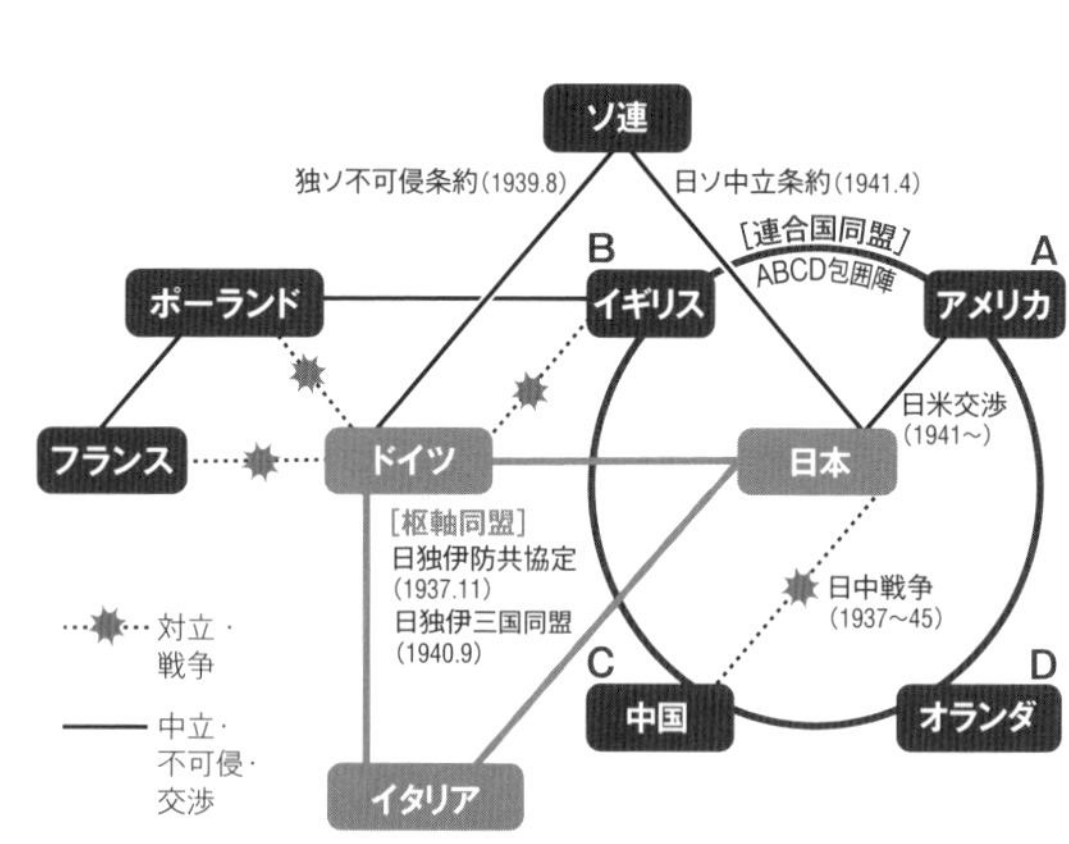

図13　第二次世界大戦前の国際関係

で電送された写真にも、ヒトラーとムッソリーニがいっしょに写されていました。両者の親密さを日本に強くアピールする効果が期待されていたと思われます。

サンフランシスコ、ロンドンとの無線通信

逓信省は、ベルリンよりも一カ月ほど後の一九四〇年四月以降、ヨーロッパ戦線のニュース写真を

図 12　「内台間初の電送写真　広東で漢口陥落の本社貼出を見て喜ぶ長谷川部隊」（『東京朝日』朝刊、1938 年 10 月 30 日）

図 14　「電波に見るブレンネル会談」（『読売』朝刊、1940 年 3 月 21 日）

アメリカRCAサンフランシスコ局、同年五月にはナチス・ドイツの占領下になったオランダのアムステルダムから東京宛に電送できるようにします。

日米間の無線写真電送が開始された日の午前中、ヨーロッパ戦線のニュース写真五枚が受信されました。ロンドンやベルリンから無線電送で大西洋を越えてニューヨークに着信、そこからサンフランシスコまで有線の写真電送で送られ、その後サンフランシスコ—東京間を無線の写真電送で送信したものでした。こうした迂回ルートであったため、キャビネ一枚の送信には約四〇分もかかり、料金も日本円で三二八円(日米間は二一〇円)と高額でした。この回線を使った写真電送は、一九四〇年四月十六日付『東京朝日』夕刊に掲載された「コペンハーゲンの独逸軍司令部を訪問したデンマーク将校」、同日付『読売』の紙面に掲載された「ドイツ軍司令官(ニコラウス・)フォン・ファルケンホルスト将軍が飛行機でノルウェーの戦線を視察してオスロに着いたところ」などです。

また、懸案となっていたロンドンのC&W社との写真電送業務は、ベルリンよりも三カ月ほど遅れて、六月五日から開始されます。電送料金はドイツの場合と同じくキャビネ判一枚で二六二円五〇銭と高額でしたが、電送所要時間は三五分程度でした。六月六日付『東京朝日』朝刊によれば、この回線を用いた最初の写真電送は、英仏両軍の撤退状況を撮った「猛火に包まれたダンケルク」であったということです(**図15**)。

むろん、日米間、日英間の無線写真電送は、日本軍が宣戦布告なしに真珠湾を攻撃した一九四一年十二月に中断されたので、わずか二〇カ月ほど利用されたに過ぎませんでした。

独ソ戦開始後の影響

一九四一年六月、独ソ戦が始まると、シベリア鉄道は中断し、海上連絡も困難になってしまいます。世界は、運輸とともに通信も閉塞した状況におちいったのです。実際、日本と（ソ連経由で）ヨーロッパを結ぶ通信線であったグレート・ノーザン・テレグラフ社の陸海線は不通になりました。また、イギリスのイースタン・テレグラフ社の大西洋回りの海底線による通信も、一九三九年九月の英独戦争勃発以降、枢軸国側の連絡を拒否しました。その結果、日本の国際通信は、無線以外はほぼ不可能になります。

そうした中、ベルリン—東京間の無線通信は、日本にとってヨーロッパ戦線の戦況をキャッチするもっとも重要な通信ルートになります。この回線は、無線電信、無線電話はもと

図15　**「猛火に包まれたダンケルク」**（『東京朝日』朝刊、1940年6月6日）

より、無線による写真電送、国際交換放送、さらにヘルシュライバー（ドイツで発明された一種のテレタイプ通信）も担っていたのです。

ただ、戦時下日本の国際通信を担った回線は、このベルリン―東京間の無線通信のほか、スイスやスウェーデン、ポルトガルなどの中立国との無線も生かされていました。

世界大戦勃発時の写真搬送ルート

こうして、東京とベルリン、サンフランシスコ、ロンドンとの間で無線による写真電送が試みられたことで、日本でも第二次世界大戦の初期ニュースはキャッチできました。

もちろん、このときヨーロッパとのニュース写真の連絡には、写真電送だけでなく、さまざまな交通手段や情報ネットワークが利用されていました。たとえば、一九三九年九月十日付『東京朝日』朝刊に掲載された「動乱の欧州より第一報　戦雲漠々（せんうんばくばく）の欧州」（**図16**）と題された三枚の写真うち、二枚の写真はロンドンから南方コースで空輸され、東京―台北間の無線電送が利用されました。残り一枚はベルリンからシベリア経由の北方コースで空輸され、東京朝日新聞本社に到着したものでした。朝日新聞社としては、第二次世界大戦勃発という歴史上きわめて重要なニュースであっただけに、とりこぼしを避けるために、南と北の別々のルートで写真を空輸したものと思われます。

こうした東回りルートの空輸とはちがい、ヨーロッパから西回りで運ばれた写真もありました。

ヨーロッパ戦線からニューヨークまで電送された写真は、アメリカから大日本航空会社監事森村勇（もりむらいさむ）自らが運搬しています。森村はサンフランシスコまで旅客機を乗り継いで写真を運び、さらにグアムまでは飛行艇、グアム―サイパン間は船便、サイパン―横浜間は南洋定期航路と乗り継ぎつつ写真を搬送します。まさに執念の写真でした。この写真は「欧州動乱勃発の日」と題され、一九三九年九月十四日付『東京朝日』朝刊に掲載されました(**図17**)。

戦雲漠々の欧州

大戦日誌

図16　「動乱の欧州より第一報　戦雲漠々の欧州」(『東京朝日』朝刊、1939年9月10日)

森村勇
(1897～1980)

実業家。日本特殊陶業社長や、全日本空輸社長、日本航空常務取締役、日本陶器取締役、東洋陶器取締役、日本碍子取締役などを歴任した。

図17 「欧州動乱勃発の日」（『東京朝日』朝刊、1939年9月14日）

しかしながら、こうしたヨーロッパと日本との写真の搬送方法は、長くは続きませんでした。いうまでもなく、太平洋戦争の勃発によって、空輸はもちろん、東京とサンフランシスコ、ロンドンとの無線回線が停止したからです。そのため、一九四二年以降の国際情勢の判断材料は、ドイツの眼を通した、いわば枢軸国側のバイアスのかかった写真であったことを見過ごすべきではないでしょう。

3　太平洋戦争による通信網の劣化

通信の途絶

一九四一年十二月八日に太平洋戦争が始まると、日本の国際通信を担っていた通信網は次々に断絶しました。

(1)無線電信回線：東京―サンフランシスコ間、大阪―ロンドン間、大阪―ボンベイ間、大阪―マニラ間

(2)無線電話回線：東京―サンフランシスコ間、東京―ホノルル間、大阪―マニラ間、大阪―バンドン間、大阪―サイゴン間

(3)写真電信回線：東京―サンフランシスコ間、東京―ロンドン間

写真電送用に残った回線は、ベルリン、上海、台北、ブエノスアイレスとの無線だけでした。そのため、日本海軍が撮った真珠湾攻撃の写真が最初に伝えられたのは、ベルリン―東京間の無線回線を用いてのことでした。ドイツ各新聞には、「日本海軍米太平洋艦隊を撃滅」などあおり立てるような見出しをつけて報道さ

図18　「ハワイ海戦・独紙を飾る」(『東京日日新聞』朝刊、1942年1月24日)

れたのです(図18)。

太平洋戦争開戦後、閉塞していく通信網を突破するために、日本電信電話工事株式会社は、国際電気通信株式会社とともに、南方占領地域(香港、フィリピン、ビルマ、マレー、スマトラ、ジャワなど)との通信網を強化していきます。これに対してアメリカは、対極東情報をえる重要な拠点の一つであった東京を失ったために、一九四二年十二月から重慶―ロサンゼルス間で写真電送を開始します。東アジアにおけるアメリカの戦略的パートナーは、日本から蔣介石(しょうかいせき)を首班とする中華民国(重慶国民政府)に移っていたということです。

太平洋戦争下では、それ以前と比べて情報のコントロールはいっそう厳しくなっていきます。情報局は、新聞社、通信社に対して「戦況報道の禁止示達」(日本陸海軍の最高統帥機関であった大本営の許可したもの以外はいっさい掲載禁止)と「陸軍省令に基く新聞掲載禁止事項基準」(日本軍に不利になる事項は一般に掲載禁止)を指示しました。これにより検閲では、内務省警保局検閲課とともに、陸軍省報道部、海軍省軍事報道部(一九四五年六月二日には大本営報道部に統合)の意向を尊重しなければならなくなりました。

太平洋戦争下の日本

- 大本営の許可したもの以外の戦況報道はしてはならなかった。
- 報道の客観性・信ぴょう性・速報性はすべて阻害された。

日本電信電話工事株式会社

日本本土、中国大陸の電信電話工事をおこなうために1937年4月に発足した建設工事会社。のち国際電気通信株式会社の子会社となる。1946年3月に解体。

こうしてマスメディアが大本営発表に基づく統制の枠組みに組み込まれる中、報道の客観性、信ぴょう性は阻害されていきます。事件の内容だけでなく、発生した日時についても、すべて軍部の指示のままに掲載されることになり、新聞社がしのぎを削っていた報道の速報性は意味をもたなくなっていきました。

日満華通信の開始

太平洋戦争の開戦とともに、欧米との通信環境が閉ざされる一方で、親日派の汪精衛政権が統治する中国沿岸地域とを結ぶ無線通信網の整備が急務となります。すでに日中間の海底線が機能していなかったことが理由でした。この頃、懸案とされていた日中双方向による一般公衆向けの写真電送実験は、一九四二年二月からほぼ一カ月間、東京側は名崎(なさき)送信所(茨城県)と小室受信所(埼玉県)、中国側は上海郊外の真茹(しんにょ)送信所、劉行(りゅうこう)受信所でおこなわれました。

この通信実験は何とかなり、五月からは正式に一般公衆向けの写真電送が始まったのです。その取扱い業務は、日本は東京・大阪の両中央電信局、上海は上海国際電台、満洲は奉天中央電報局が担当しました。取扱い地域および写真電報料は、日本域内(内地、朝鮮、台湾、樺太(からふと)、南洋群島)、関東州、満洲国間は甲号四三円、乙号

内地

一国の領土内のこと。ここでは朝鮮・台湾・樺太などに対して、日本の本土である北海道・本州・四国・九州を指す。

二五円、丙号一五円とされましたが、上海を中心とする華中地域との間はそれらよりも高くなりました。また、電送写真の配達については、以下の区分が設定されます。

⑴直配達区域：日本本土は東京市・大阪市の中心区域、満洲は奉天市の中心区域、華中は上海全域

⑵郵便送達地域（普通・速達）：日本本土、朝鮮、台湾、樺太、南洋群島、関東州および満洲国、華中全域

⑶航空郵便取扱い地域：朝鮮、台湾、樺太、南洋群島、華中（杭州、南京、安慶、九江、漢口、武昌）

このうち取扱い業務開始直後の一週間における利用状況は、戦況ニュース写真一二通（うち読売七通、東京日日四通、同盟一通）、商業文六通、人事文一通、通信文二通です。なぜか朝日新聞社の利用がみられませんが、やはり新聞社の利用が多かったわけです。

ただし、この時期でさえ、逓信省が期待していたほどには上海─東京間の写真電送が利用されたわけではありません。『東京日日』、『大阪毎日』の紙面を繰ってみると、六月から十月の間、ほんの数点しか確認できず、利用数が伸び悩んでいたことがわかります。さらに、一九四三年の両紙を見ても、六月までは毎月一〜二点のみ、その後一年間に紙面に掲載された写真は五点に満たなかったことがわかります。このように紙面に掲載される写真が減ったのは、写真電送という通信システムのせいだけでなく、日本の報道統制の問題、何より物資の不足が大きく影響していたことでしょう。

満洲との写真電送の低迷

さらに満洲との通信がどうだったかを見てみましょう。満洲では、満洲国通信社と同盟通信社だけが利用できる独占的な通信網が形成されていました。これら二社の通信網は、ニュース写真の速報性を担保するものではなく、満洲国の弘報政策を効率的に伝達することを目的としていたのです。それらの通信独占の背景には、関東軍の存在が想起されます。なぜなら、通信回線がニュース写真の送信だけでなく、日満両国の軍隊間の極秘回線としても利用されていたからです。実際、満洲電信電話株式会社の新京電信所には同盟式の無線写真電送装置が設置されていましたが、一号装置は一般用途とされていたものの、二号装置には秘密裏に軍用の機密通信装置がつけられていたことが明らかにされています。後者は、東京の陸軍中央無線電信所との間で交信されており、軍事情報が流出することを回避するねらいもあったのです。

大阪毎日、東京日日両新聞社の場合、この時期の満洲の写真は、新京から福岡宛に電送されていました。それらが大阪、東京に再電送されたため、紙面写真の画質はクリアではありませんでした。むろん、『朝日新聞』の場合も例外ではありません。実際、新京からの写真電送には問題も多かったようで、上海発ほどには利用されておらず、多くの写真は東京へ空輸されていたことがわかります。

また、奉天からは、一九四二年五月に満洲国通信社が日満間写真電送を正式に開始していました。大阪宛に直接電送された写真は、東京から再電送された写真とはちがって、比較的良好な写真画像で

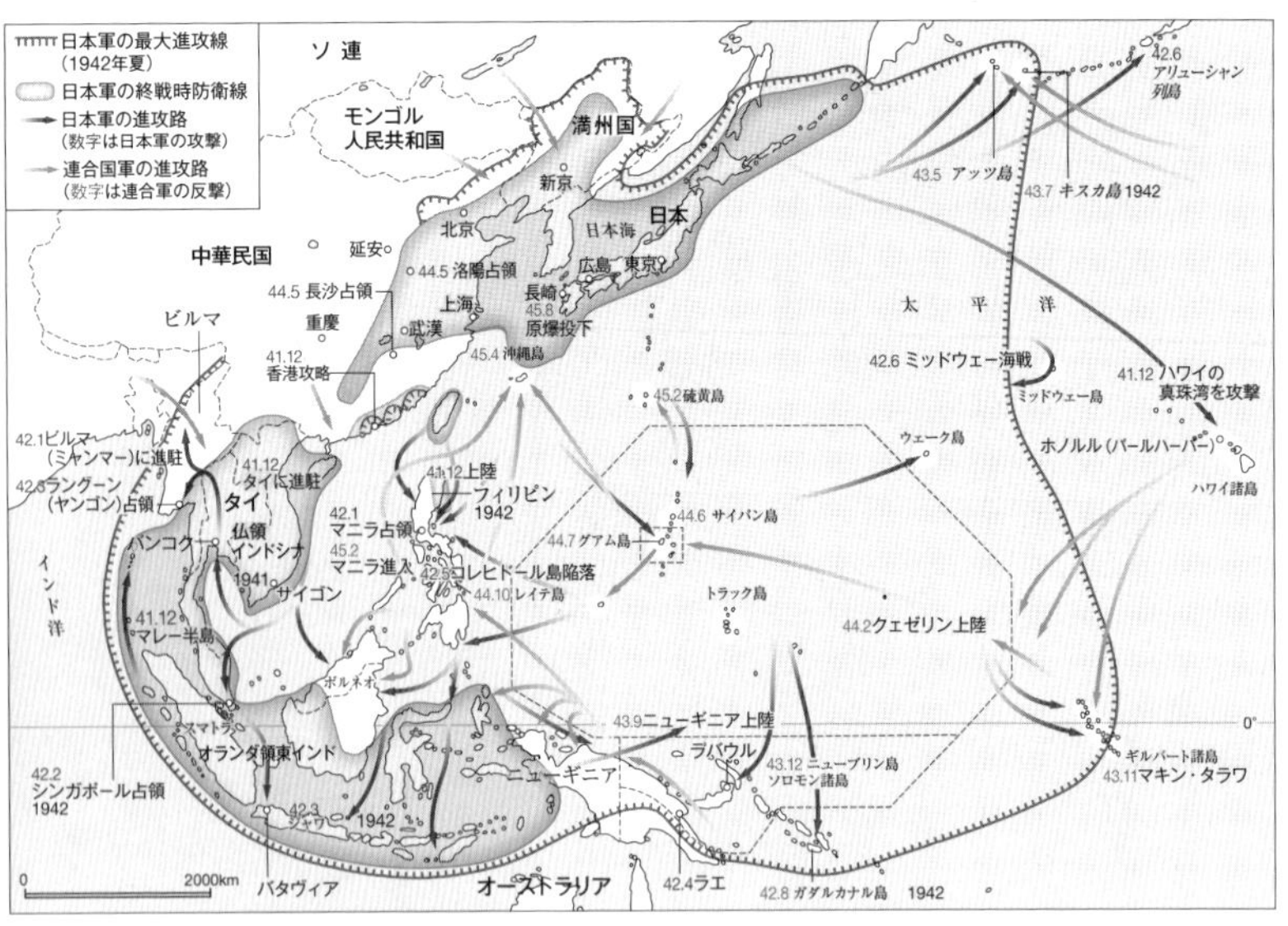

図 19　太平洋戦争関係地図

した。これは、『大阪毎日』などに掲載された写真を見ればわかります。ところが、大阪毎日新聞社がこの回線を写真電送に使うことは多くはなかったようです。一九四二年五月に開催された興亜国民全国大会、九月に開催された満洲国建国十周年慶祝式典などのメディア・イベントの写真がわずかながら確認できる程度です。

一九四四年後半になると、アメリカの長距離用爆撃機B‐29の爆撃圏に入り、奉天、新京から写真が電送されることはほとんどなくなりました。そして、一九四五年六月に大阪—奉天間の無線回線が断絶し、八月ソ連軍の満洲侵攻後に東京—奉天間および東京—新京間の無線回線が停止してしまいます。こうして、日満間の写真電送の利用は、完全にストップしてしまったのです。

戦況を伝える台湾

では、台湾との間ではどうだったのでしょうか。太平洋戦争開戦とともに台北—香港間の無線回線が断絶し、その翌日には台北—マニラ間の無線回線も停止しましたが、台北から東京宛の写真電送の送信回線だけは生きていました。そのため、この回線が、太平洋戦争下の南方戦線で日本軍がおこなった「戦勝」というフェイク情報の伝達を担う回線として使用されたのです（開戦初期には、上海からも電送していました）。

ここでは、『東京日日』、『東京朝日』の二紙で確認できる電送写真について見ていきます。南方作戦は、マレー半島、フィリピン群島、オランダ領東インド(蘭印)の三つの地域の攻略を軸として進められたわけですが、同時期には香港の戦い、ビルマの戦いも始まっていました。一九四二年九月以降、陸軍が占領したこれら地域の通信業務は同盟通信社が担当することになります。また、新聞発行は各軍政地域別に、ジャワは朝日新聞社、フィリピンは毎日新聞社、ビルマは読売新聞社、マレー半島、シンガポール、スマトラ、ボルネオは同盟通信社が、それぞれ斡旋する地元新聞社に委託経営されました。このとき、地元の言語で書かれた多くのプロパガンダ新聞が発行されます。

香港の戦いと同時に始まったマレー作戦(一九四一年十二月〜一九四二年五月)の最終目標は、マレー半島最南端にあるシンガポール島の攻略にありました。『東京朝日』、『東京日日』掲載のニュース写真も、戦闘地から台北に空輸され、台北から東京宛に写真電送される場合が多かったことが確認できます。ただ翌年一月の日本軍によるマニラ占領時の写真、二月のシンガポールにおけるイギリス軍降伏の写真は、それぞれ同盟通信の社機で東京に送られるや、国内新聞社はもちろん、上海、ベルリンなどに電送されました。このとき、東京—ベルリン間の所要時間は四〇分と記録されています。

フィリピンの戦い(一九四一年十二月〜一九四二年六月)は、アジアにおけるアメリカの拠点を攻略するために始められましたが、このときの戦況ニュース写真も台北から電送されました。ただ東京朝日新聞社の場合、戦闘終結後の日本軍政下における写真は、台北からの写真電送ではなく、同社の機械化報道部が本社機によってマニラに持ち込んだ朝日式の携帯用写真電送装置で直接東京に電送されたといいます。携帯用装置を持ち込んだのは、一九四三年十月にホセ・ラウレルの大統領就任式を特別取材するためでしたが、その電送実験がおこなわれたのは就任式の前日でした。この計画がいかに場あたり的なものであったかがわかります。ただ逓信省は、就任式での写真電送が成功したことを見て、同年十二月に東京―マニラ間の無線回線を開通させます。この回線は一九四五年一月に停止するまで使用されたと思われます。

ビルマの戦い(一九四一年十二月〜四五年八月)の写真も、台北から東京宛に電送されました。この戦いが始まってから一週間もたたないうちに日本軍がタヴォイ(現在のダウェイ)に侵攻し、一九四二年三月にラングーン、五月にマンダレーを陥落させます。そして七月にイギリス軍を駆逐した後は、収束らしき状況を迎えました。この戦いについて、東京日日新聞社の特派員が撮った写真も、台北から東京に電送されましたが、下記のようにきわめて困難の中で電送されたものもありました。

〔五月〕二日午後一時本社連絡員の強硬連絡によりマンダレー南方渡河点附近まで運ばれ同所で待機中の本社自動車に直ちに積込んで峻険の悪路を疾走すること六二〇キロ、じつに東京―姫路間に相当する遠距

ホセ・ラウレル(1891〜1959)

フィリピンの政治家。1943年、日本軍政下の第二共和国で大統領となる。日本の敗戦が色濃くなると日本へ亡命。戦後、フィリピンに帰国して大戦中の日本軍への協力により大逆罪で訴追されるが、48年、恩赦を受けた。

離を突破してラングーンに到着。自動車による画期的長距離搬送に成功を収め三日朝ラングーン発の日航便に積込むことに成功、五日夕空路台北着、直ちに東京へ電送、さらに本社へ再電送された記録的なものである。

（「マンダレー占領写真第一報」『東京日日』一九四二年五月十六日）

さらに南方作戦の主軸の一つであった蘭印作戦（一九四二年一月〜三月）についても、台北から東京に写真電送されました。一九四二年三月に撮影された「蘭印降伏」も、台北から電送されて、三日後の十二日に『東京日日』第一面に掲載されたものです（**図20**）。ただ、これも日本軍の「戦勝」を誇示するニュース写真として、読者の愛国的な感情を喚起する効果を十二分に意識したものでした。

国際通信を担ったベルリン回線

太平洋戦争勃発とともに、サンフランシスコやロンドンと

図 20 「蘭印降伏」（『東京日日』朝刊、1942年3月12日）

の通信が断絶したため、日本と欧米世界とを結ぶ情報の窓口は、スイスやスウェーデン、ポルトガル、アルゼンチンなどの中立国を除けば、ベルリンが中心でした。これらベルリンから電送されてくるニュース写真は、ドイツ軍侵攻の「正当性」やヒトラーの強い指導力、日独伊をはじめとした枢軸国側の絆を示すものであり、世界の客観情勢を表わしたものではありませんでした。ただし、ドイツ側が情報を忖度(そんたく)したというよりも、日本の大本営の方針に基づき日独伊三国による枢軸国の強化を図ろうとする思惑が反映していたことが原因であったと考えてよいと思います。

ベルリンから東京宛に電送された戦況ニュース写真は、米軍が撮影したハワイ島での真珠湾攻撃もはじめて日本に伝えていました。これは、一九四一年十二月二十一日付『東京朝日』朝刊に掲載された写真「海鷲(うみわし)ハワイ大爆撃（第一報）燃ゆるヒッカム飛行場」で確認できます（**図21**）。すでに日米間の通信網が断絶していたため、この写真の搬送

図 21　「海鷲ハワイ大爆撃（第一報）燃ゆるヒッカム飛行場」（『東京朝日』朝刊、1941 年 12 月 21 日）

ルートはいささか複雑でした。まず、写真はハワイからサンフランシスコに米軍機で空輸されたのち、サンフランシスコ―ニューヨーク間は有線による写真電送、ニューヨークと中立国アルゼンチンのブエノスアイレスとの間は無線による写真電送、さらにブエノスアイレスからドイツ、ドイツから東京は無線による写真電送が用いられていたのです。地球を西回りする写真のバトンリレーが成功したことにより、通信ネットワークのハブとしてのブエノスアイレスの重要性が注目されることとなり、一九四二年四月から同地発、東京宛の無線写真電送業務が正式に始まります。ただ、それもブラジルが連合国側の一員として参戦する終戦五カ月前までのことに過ぎませんでした。

なお、事例は少ないのですが、中立国のポルトガルから送信された写真が日本の新聞紙面を飾った例も見つけることができました。ポルトガルとは、一九四二年一月に東京―リスボン(ポルトガル・ラジオ・マルコーニ社)との間に無線回線が開設されたため、ヨーロッパ戦線の戦況写真が電送されていたのです。たとえば、一九四二年一月十七日付『大阪毎日』には、「リスボン本社特電一五日発」として、シンガポール英国軍司令部の発表が伝えられています。この記事により、マレー前線で日本軍と戦っている部隊がすべてオーストラリア軍であることが明らかにされたのです。

ともあれ、太平洋戦争下の欧米地域のニュース報道は、ベルリンから電送されたものが多かったことは間違いありません。その中でも、もっとも多かったのは独ソ戦に関する写真であり、しかもドイツ側が攻勢であった状況を撮ったものに限られていました。ドイツの「戦勝」報道の伝達は、ソ連軍のベルリン突入の二日前、すなわち一九四五年四月十四日に東京―ベルリン間の無線回線が停止するまで続いたのです。

検閲・統制により激減する写真報道

以上、太平洋戦争開戦以降の写真電送ネットワークの変化とともに、断片的ながら上海、台北、ベルリン、ブエノスアイレスから電送されたニュース写真の特徴を見てきました。太平洋戦争は、一九四二年六月のミッドウェー海戦直後に日本の勢力圏は最大となりましたが、翌月に米軍の本格的な反攻が始まると、戦況は転じて著しく悪化します。にもかかわらず、日本のメディアは、大本営発表以外を伝えることができず、しかも敗戦の真実が遺漏(いろう)するような写真メディアは紙面から消えていったのです。結果的に、メディアは戦争を終わらせる影響力を発揮することはできませんでした。

一九四三年以降には、陸海軍両省による「検閲済」のニュース写真でさえ減っていきます。その代わり、日本国内の軍需工場や炭鉱などに動員された女性や「少国民」(少年・少女)の活動を撮った写真や、軍官エリートの肖像写真が多くなっていました。わずかな写真欄も、特攻の活動や空襲の被害写真に占められていきます。報道の名に値する写真が、もはや皆無になっていたこと、新聞や雑誌が政府による総動員体制に追随するだけの広報機関になっていたことを知ることができるでしょう。

しかも、一九四三年十一月には東日本を管轄区域としていた陸軍東部軍が、国土防衛のために在京の毎日、読売、朝日各新聞社や同盟通信社の写真部員、日本映画社の撮影班員に「国防写真隊」を結成させます。この国防写真隊は東部軍参謀長に属し、会社ごとにその名を冠した部隊、つまり同盟隊、朝日隊、毎日隊などとして配置され、空襲のたびに出動して撮影業務にあたったのでした。撮影された写真も機密に属するということで、すべてのネガを東部軍が回収し、軍部から特殊な許可を得た場合だけニュース用の写真として使用が許されたわけです。このことは、戦争末期に紙面から写真が消えていったことや、空襲下の写真が少ない理由として理解できることと思います。

そして翌一九四五年になると、次々に無線回線が停止し、日本は完全に情報の孤島になってしまいます。すでに一部ふれてはいますが、一月に東京—マニラ間、二月に大阪—マニラ間、四月に大阪—上海間(第3)、六月に大阪—奉天間、七月に大阪—上海間(第1)、八月に東京—奉天間、東京—新京間などの無線回線が停止したのです。

写真電送と戦争との関係を振り返る

戦前の写真電送の歴史は、丹羽保次郎らが開発したNE式写真電送装置の普及、改良の歴史と重なりますが、本章ではとくに新聞社や通信社の実用面について取り上げました。以下、まとめておきます。

戦前の写真電送の利用が進まなかった理由は、戦況報道が優先されたことだけではありませんでした。①装置の価格が高かったこと、②通信回線の電送コストが他の通信メディアに比較して高かったこと、③一般向けの公衆通信網の利用が制限され、新聞社や官庁などの専用回線が優先されたこと、④送信機と受信機が分かれており、それぞれの操作が複雑であったことなどがあげられます（郵政省編『昭和51年版　通信白書』）。こうした理由が重なって、写真電送という新しい通信技術は普及しませんでした。何より通信コストが他の媒体と比べて高かったため、外資系の海底線への依存を克服するという時代の要請にそぐわないものであったことは指摘しておくべきでしょう。

また、有線や無線で電送された写真の画質にはたえず問題が起こり、ニュース写真として紙面に掲載するにはフォトレタッチが不可欠でしたが、それが実に煩瑣（はんさ）でした（コラム「フォトレタッチについて」を参照）。さらに、電送不良のため写真の発信や着信が翌日またその次の日と順延されたりすることもあり、商用利用としては電話ほど速報性が保証されていたわけではない点も看過できません。

それでも写真電送の有用性がアピールされたのは、一九三〇年代前半にベルリン、サンフランシスコ、ロンドン、上海、台北などとの間で無線写真電送が実験されたり、実用化されたり、また満洲や華北との間では有線による長距離写真電送が試みられたりしたことで、海外から電送される写真に新聞や雑誌の読者が飛びついたからにほかなりません。とりわけベルリン・オリンピックや海外での皇族の公的行為などのメディア・イベントに国民の関心は高まったわけです。画質の問題は別としても、写真電送が新聞社の販売部数の向上に貢献したことは否定できません。

とはいえ、写真電送という新しい技術が受け入れられたのは、やはり海外の戦況ニュースの伝達が国策上のミッションと合致していたからでしょう。満洲事変、日中戦争、第二次世界大戦、太平洋戦争のそれぞれの時期において、電送された戦況ニュースによって読者の一部は戦争を受け入れ、ときには主体的に参画しようとさえしたのです。しかし、それも一九四二年六月にミッドウェーの海戦を機として、日本が制海権・制空権をともに失うと、以前のようには通用しなくなりました。

ただ、戦況ニュースの伝達とは別に、写真電送が軍事行動そのものにどのように生かされていたのかについては、なお明らかにすべき課題として残っています。当時の電送容量がきわめて小さかったために、戦時末期には、政府や軍部の利用が優先されて、否応なく商用利用に歯止めがかけられることもあったかと思いますが、こうした実態は本章では明らかにできていません。

戦争末期から戦後の写真電送

それでは最後に、戦況の悪化が写真電送の基盤となった通信ネットワークにあたえた影響をおさえておきましょう。

戦争末期、日本本土のみならず、その勢力圏内は空襲によって致命的な打撃を受けており、日常機能さえ危機的状況におちいってました。もちろん通信インフラも同様であり、日本本土の電信局は五二%、通信回線は七五%が破壊されたといわれています。その結果、たとえば東京―仙台間の電報を見ると、一九三六年に一八分で送れていたものが、四四年には二時間四〇分、そして戦後直後の四六年一月には四時間二三分もかかるようになっていたとのことです。写真電送が物理的にも利用不可能な状態にあったことを示しています。

しかも、一九四四年四月には決戦体制下に即応する通信料金の改正により、電報料、配達料、取扱い料、至急料などの通信料が大幅に値上げされた時点で、写真電送の利用はすでに絶望的な状態にあったとみることもできます。

戦争が終わり、米軍、イギリス連邦軍をはじめとした連合国軍による日本占領政策の遂行という目的のために、限定的ながら通信が回復されることになります。実際、一九四五年九月には、東京―モスクワ間、東京―サンフランシスコ間で無線電信が再開されましたが、後者についてはアメリカ宛の連合国軍関係の電報を取り扱っていたことが確認できるのです。

戦後直後、一般向けの写真電報が、急増することもありました。しかし、一九五一年頃からは専用回線の増加、速達郵便の航空便扱いなどの理由から減少していき、五七年頃には一日に二通ほどしか利用されなくなっていたといいます。結局、逓信省の業務の一端を引き継いだ電信電話公社が、一九六一年十二月末限りで一般向けの写真電報の業務を廃止したのです。

こうした状況は、その一〇年後の一九七一年五月から急変します。公衆電気通信法の改正によって、家庭にファックスの設置が認められるようになったことで、画像の電送はふたたび注目されることとなり、しかも急速に普及したわけです。

参考文献

有山輝雄『情報覇権と帝国日本』全三巻、吉川弘文館、二〇一三・一六年

奥平康弘監修『同盟通信関係資料集　国通十年史』日本図書センター、一九九二年

画像電子学会編『ファクシミリ史——創立二五周年記念出版』画像電子学会、一九九七年

勝見正雄『写真及び模写電送』上・下巻、コロナ社、一九五一・五四年

貴志俊彦「戦時下における対華電気通信システムの展開——華北電信電話株式会社の創立から解体まで」『北東アジア研究』第一号、島根県立大学北東アジア研究センター、二〇〇一年

貴志俊彦「通信特許と国際関係——在華無線権益をめぐる多国間紛争」貴志俊彦・谷垣真理子・深町英夫編『模索する近代日中関係——対話と競存の時代』東京大学出版会、二〇〇九年

貴志俊彦『帝国日本のプロパガンダ——「戦争熱」を煽った宣伝と報道』中公新書、二〇二二年

国際電話株式会社編『国際電話株式会社事業誌』国際電話、一九三八年

小林一雄『ファクシミリ——写真電送と模写電送』オーム社、一九六四年

小林一雄「戦前電送写真および関係資料」一〜三(『画像電子学会誌』第二五巻第一〜三号)一九九六年

財団法人通信社史刊行会編『通信社史』一九五八年

鍾淑敏・貴志俊彦主編『視覚台湾——日本朝日新聞社報導影像選輯』中央研究院台湾史研究所、二〇二〇年

逓信省『写真電報』一九三一年三月(国会図書館所蔵)
電信協会編『東亜電信電話規則』電信協会、一九四一年
日本経済新聞社経済解説部編『郵便と電信電話』日本経済新聞社、一九五七年
日本電信電話公社『外地海外電気通信史資料』全一三巻、一九五六年
日本電信電話公社海底線施設事務所編『海底線百年の歩み』電気通信協会、一九七一年
日本電信電話公社電信電話事業史編集委員会編『電信電話事業史』全六巻・別巻、電気通信協会、一九五九〜六〇年
日本無線史編纂委員会編『日本無線史』第二巻、電波監理委員会、一九五一年
丹羽保次郎「写真電送装置に関する研究」『精密機械』六五号、一九三九年
花岡薫『海底電線と太平洋の百年』日東出版社、一九六八年
疋田康行「日本の対中国電気通信事業投資について――満州事変期を中心に」『立教経済学研究』第四一巻四号、一九八八年
毎日新聞社『毎日新聞百年史 一八七二〜一九七二』毎日新聞社、一九七二年
モーア、アーロン・S(塚原東吾訳)『「大東亜」を建設する――帝国日本の技術とイデオロギー』人文書院、二〇一九年
※そのほか、『大阪毎日新聞』、『東京日日新聞』、『東京朝日新聞』、『読売新聞』、『逓信公報』、『通信白書』、『同盟旬報』、『電務年鑑』、国立公文書館分館所蔵『国際通信関係資料』、アジア歴史資料センター公開文書、画像電子学会所蔵資料などを参照。

年号	主な出来事	写真電送関連事項
1938	10月　広東陥落	1月北京に華北電電、3月国際電気通信株式会社、7月上海に華中電気通信設立。11月東京—台北間臨時無線写真電送開始。
1939	5月　ノモンハン事件(ハルハ河の戦い) 9月　第二次世界大戦勃発	5月大阪—北京—天津間写真電送実験。8月大阪—奉天間写真電送実験。9月イギリス、海底ケーブルによる枢軸国側との連絡拒否。
1940	3月　汪精衛(兆銘)政権成立 9月　英独戦	2月上海—東京間で無線写真電送開始。3月ドイツ(ベルリン)との無線写真電送開始。4月サンフランシスコ(米国)、5月オランダ(アムステルダム)、6月イギリス(ロンドン)との無線写真電送開始(41年末まで)。9月東京—新京間長距離無装荷ケーブル開通。
1941	6月　独ソ戦開始 12月　太平洋戦争勃発、香港陥落	12月東京・サンフランシスコ—ロンドンの無線回線停止。台北—香港間、台北—マニラ間の無線回線停止。12月重慶—ロサンジェルス写真電送開始。
1942	1月　マニラ陥落 2月　シンガポール陥落 6月　ミッドウェー海戦	1月ポルトガル(リスボン)との無線回線開設。日中間公衆写真電送開始。4月中立国アルゼンチンのブエノスアイレス—東京間無線写真電送開始。5月日満間写真電送開始。
1943	9月　イタリア降伏 11月　陸軍東部軍、国防写真隊を結成	12月日満無装荷ケーブルで新京—東京間の公衆模写電送サービス開始、東京—マニラ間無線回線開通。
1944	11月　B29、東京初空襲	4月決戦体制下に即応する通信料金の改正。
1945	5月　ドイツ降伏 8月　広島・長崎に原爆投下、ソ連軍満洲侵攻 9月　ミズーリ艦上で「降伏文書」に調印	1月東京—マニラ間、2月大阪—マニラ間、4月大阪—上海間(第3)および東京—ベルリン間、6月大阪—奉天間、7月大阪—上海間(第1)、8月東京—奉天・新京間の無線写真電送停止。9月東京—モスクワ間、東京—サンフランシスコ間の無線電信再開。

画像通信の歴史

年号	主な出来事	写真電送関連事項
1924		3月日本で初めて写真電送実験(海軍技術研究所、ドイツの機器)。
1925	3月　ラジオ放送開始	
1926		NE式写真電送の研究に着手。
1928	11月　昭和天皇、即位の大典	4月NE式写真電送装置の完成。
1929		ベルリン—南京間、南京—上海間で無線写真電送実験。
1930	10月　台湾　霧社事件	8月「写真電報規則」制定、逓信省が東京—大阪間で一般公衆向け写真電報業務開始。
1931	9月　柳条湖事件、満洲事変	3月写真電報丙号の取扱い開始。6月東京—大阪間無線写真電送実験。8月香港—広州間有線写真電送実験。
1932	1月　第1次上海事変	7月東京—奉天間無線写真電送実験。
1933	1月　ヒトラー政権成立	8月大阪—東京間で一般公衆向け写真電報取扱い開始。
1934		2月写真電報丁号の取扱い開始。4月台北—東京間無線電話業務開始。5月台北—東京間無線写真電送実験
1936	1月　同盟通信社設立 8月　ベルリン・オリンピック	7月ベルリン—東京間無線写真電送実験(同盟通信社)。9月朝日式携帯用写真電送機を実用化。12月ベルリン—東京間における無線写真電送の実用開始。
1937	4月　英ジョージ6世戴冠式 7月　盧溝橋事件 12月　南京陥落	3月無装荷方式の日満ケーブル(安東—奉天間)開通、サンフランシスコ—東京間写真電送実験。4月ロンドン—東京間無線写真電送。5月京城—大阪間の通信ケーブルで写真電送実験。9月、イギリスへ日中戦争の状況写真電送。8月京城—東京間の無線電送開始。11月大阪—天津間有線回線停止。12月同盟通信社が天津—東京間軍用無線電話回線を独占。

コラム

フォトレタッチについて

貴志　俊彦

第三章で写真電送について論じた以上、フォトレタッチ（写真の修整・加工技術）について言及しないわけにいきません。

戦前の新聞社の製版部には、レタッチマンあるいは修整員、修整師という専門職がいました。彼らは、エアーブラシやペン、筆を用いて、電送写真だけでなく、空輸された写真もコントラストを調整したり、トリミングや傾きの補正、キズやダメージの修正をおこなったりしていました。また、「軍機保護法」「軍用資源秘密保護法」などに違反しないように、兵器や部隊名、港湾施設、山の稜線を削除したという話はよく聞きます。きわめつけは、複数の写真を切り貼りするコラージュや、しばしば創作としかいえない顔のド

軍機保護法

1899年に制定。1937年に全面改正。軍事上の秘密を探知または収集するものに対する罰則規定も明示する法律。

ローイングも施されていたことです。

海外からの電送写真の場合は、白い縦線・横線が入ったり、濃淡にばらつきがでたり、画像がひずみを起こしたりするなどの障害が頻繁に起こったため、修整や加工は不可欠の作業だったのです。また、解像度が低くて、画像のグレーの濃淡部分が欠けたり、なかには被写体が黒色に蔽（おお）われたり、逆に白くとんだりして、原形の輪郭さえ判別できない場合もしばしばありました。実際、多くの電送写真の画質は、いまと比べようもないほど劣悪でした。

とくに海外から東京や福岡宛に発信された電送写真が大阪宛に再電送された場合、画像の鮮明さがおちることは普通にありました。たとえば、一九四二年一月十日付『東京日日』朝刊に掲載された写真で、イギリスの軍機がタイのバンコクを空襲したとする写真があります。掲載の二日前に撮影された写真は、バンコクから台北まで空輸され、台北から東京宛に写真電送が用いられました。写真の画像は一見すると、油彩や水彩の絵ではないかと思えるほど細部が不鮮明な画質でした。キャプションには、「無防備の華僑街盲爆（もうばく）に民衆は英国の惨虐（ざんぎゃく）ぶりに憤慨している」と書かれていましたが、写真に撮られた人々が「憤慨」している表情はほとんどわかりません。そのため、キャプション通りの内容を読み取ることはできないわけで、こ

軍用資源秘密保護法

1939年に制定。軍機保護法の及ばない軍用資源に関する情報の漏洩を防ぐ法律。

れが真実を伝える報道写真とするには、かなり無理がありました。

また、人物写真の場合には、苦笑をさそうようなレタッチがほどこされている例も多くありました。ひとつだけ例をあげておきます。一九四二年五月五日付『東京朝日』朝刊に掲載された南京国民政府の主席汪精衛(おうせいえい)が大連飛行場に到着したときの写真です(**図1**)。新京―東京間を写真電送されたものですが、紙面に掲載された写真には汪精衛の顔が、本人とかけはなれた丸顔の漫画顔になっていることがわかるでしょう。こうした人物のレタッチは稚拙(ちせつ)な塗り絵レベルなものが少なくなかったのです。

さらに、写真電送でもニュース性が強調されるようになると、画像のレタッチに過剰な

図1　「汪主席大連飛行場に到着」旅順要塞司令部検閲済＝新京電送(『東京朝日』朝刊、1942年5月5日)

汪精衛

〔出典〕Public domain/Wikimedia Commons

「演出」が加えられる場合もありました。傑作な例は、一九三六年のベルリン・オリンピックのときの写真です。プールサイドで互いの健闘を祝福する前畑選手とドイツのゲネンゲル選手が握手する写真ですが、あいにく二人の足元が不鮮明でした。そのため、八月一三日付『東京日日』夕刊の写真では前畑選手には草履(ぞうり)、ゲネンゲル選手には革のサンダルが書き加えられています(**図2**)。ところが、翌日発行された他の新聞では、履物(はきもの)がサンダルであったり、靴であったり、なかには駒下駄(こまげた)を履かせている写真も掲載されていたといいます。

さまざまなレタッチの事例をみれば、戦時下の報道機関では、真実の報道を目的としたものではなく、政府や軍部の方針を受け入れた宣伝報道(あるいはプロパガンダ)としての役割が重視されていたことがわかります。写真電送を含めた情報やメディアについて学ぶことで、私たちに伝えられている情報をより深く分析するためのリテラシーが身につくのです。

図2　「制覇に微笑む前畑嬢　戦後ゲ嬢と握手」同盟ベルリン特派員発＝ベルリン東京無線電送信実験写真(『東京日日』夕刊、1936年8月13日)

情報・通信・メディアの歴史を考える　座談会

貴志　俊彦（京都大学東南アジア地域研究研究所教授）
石橋　悠人（中央大学文学部教授、西洋史学専攻）
石井　香江（同志社大学グローバル地域文化学部教授）
小豆畑和之（東京都立西高等学校教諭）
藤本　和哉（筑波大学附属高等学校教諭）

小豆畑　先生方、興味深いお話、本当にありがとうございました。では座談会を始めさせていただきます。

藤本　まずはじめにお一人ずつ、講演で強調したかった点とか、あと、ふれられなかった点がありましたらお話しいただけますか。石橋先生から。

電信が織りなす「時間・空間」「職場」「情報伝達」の歴史

石橋　電信の世界的なネットワークがどのようにできたかという問題は、電信に関する歴史研究ではよく取り上げられるテーマですので、私の講演ではまずそれについて簡単に確認をしました。そのあとで、おもに私が個人的に研究をしているテーマである、時間や空間の計測・意識の問題に、むしろ電信を関連づけて論じています。

電信の場合は、物や人間の物理的な移動から情報の伝達を切り離していくところが一つ大きな特徴であるということです。その観点であらためて考えてみますと、時間の計測や時間を伝えることも場所から切り離されていくような効果が、十九世紀の中頃以降に生まれていたと思います。今回、あらためて自分で調べている中で、こうしたことに気がつきました。もともとはローカルタイム(地方時)で、現地の時間が使われていたわけですけれども、電信を用いることで天文台の時間を社会の基準に変えていくような変化があった点をおもに強調しました。

本初子午線や世界標準時は現代世界までつながっていく重要な制度ですので、その成り立ちについても、電信という観点から簡単にお話ししました。

藤本　ありがとうございます。石井先生、いかがでしょうか。

座談会(左から石橋・石井・貴志・小豆畑・藤本先生)

石井　電信・電話というとインフラという側面には、これまでもかなり光があてられて研究されてきたように思います。他方で、その電信・電話を使って働いていた人の歴史というのは、ないわけではないんですが、光の側面への注目というか、たとえば女性に先駆的に門戸が開かれた業種として、その華々しい側面が取り上げられることが多い印象です。それはまったく否定できない事実ではありますが、一方で今日紹介しましたように、影の部分というのも、もちろんあります。それは非常に限られたマンパワーの中でふえ続ける仕事をこなしていかないといけないという当時の状況の中で、一体職場はどういう状況にあったのか、当事者たちはそこをどう切り抜けていったのかという、その部分に注目している研究というのはそうないのではないかなと思っています。日本にもルポルタージュはありますが、海外ではコールセンターに関する社会学の研究や労働災害に関する歴史研究が蓄積されているのに比して、研究が進んでいない印象です。社会学と歴史学をつなぐ視点が必要な分野なだけに、海外の研究を参照して応用することはもちろん、理解についても限定的な印象です。

石井先生

限定的な条件の中で仕事をこなすということは、もちろん「職人技」とも呼ばれる「技能」(skill)という世界にもつながっていく話です。電話とか電信の業務に熟練した人たちというのは、もちろん職場でも尊敬されて、高い報酬につながるというプラスの側面もあったわけですが、一つの特定の業務に過剰に専門化していくと、たとえば電話では上肢を使い過ぎて頸肩腕症候群になったりとか、あるいは電信では「手くずれ」といわれていた一種の腱鞘炎とか、そういう職業病にいたるまでに人間の力を投入せざるをえない状況というのが戦前、そして限定的に戦後の日本にはありました。その背景には、これを問題化する前提としての民主化が徹底していなかったことのほかにも、技術的には自動化が進んでいなかったということがあげられます。

自動化が進んでいない中で、打開策といっていいのか分からないですけれども、ある種の職場文化が育まれました。厳しい条件下でも、迅速に正確に仕事をこなす「技能」を育成するような、インフォーマルな文化が職場で生まれていったという、その部分に私は光をあてましたけれども、何回もいいますが、それが職業病とも紙一重だったということです。

私はドイツの同時代の事例についても研究していまして、労災神経症という問題が戦前にやはりドイツの電信・電話業務の中でみられるのです。新しい技術は、開発途上なので、たとえば落雷時の非常に大きな音によるトラウマから神経症を発症するというような問題も発生し、それが経営側から詐病だと疑われ、裁判闘争も戦前におこなわれていました。以上のような、技術に不可分である、非常に人間的な側面に光を当ててみたいというのが私の研究スタンスです。技術というと、いまも昔も、皆さん過剰に信頼をおいていないでしょうか。科学・技術、それこそ統計とか、非常に中立的なものとして手放しで信頼されている方も少なくないようですけれども、科学・技術、統計も人間がしょせん開発したもので、人間がある目的のために利用するものであって、そこに人間のバイアスというか、価値観というか、意味づけが貼りついています。つまり技術というのはニュートラルな存在では決してないわけで、その技術が存在する環境(セッティング)とか、それを使う人間によって、技術が人間にもたらす効果は、よくも悪くもなっていくということです。今日、「見えない労働」という観点からお伝えしたかったことが、まさにここに集約されます。

藤本　ありがとうございます。貴志先生もよろしくお願いします。

貴志　私から伝えたい点は二点あります。講演でも述べましたけれども、情報の生成、流通、消費というプロセスを考えることがとても重要であろうと思うんです。とくに生成する人や団体の思惑や意図、そしてそれを支えるテクノロジーの問題を含めて考えるということが大切です。

小豆畑先生(左)と
藤本先生(右)

なぜか。それは伝えられなかった情報は何かということを探求するための手立てになるからです。いかなる時代の情報も現実に起こっていることの一部の切り取りにすぎないということで、都合の悪いものはかくされてしまう。一体世の中は何が伝えられていなかったかということを考えていただきたいということが一点です。

それから二番目には、情報を商品として考えてみませんかということなんです。だれのための情報なのか、だれが得をしたり優位に立ったりする情報なのかということを考えてみましょう。情報がすべて国民全般にメッセージを与えているわけではないということなんです。そういった点で情報も商品と捉えるべきなのです。新聞に掲載された記事も商品であるというふうに考えていったとき、情報を発するメディアの本質がそこに見えてくるんじゃないかというのが今日の写真電送を通じたお話として伝えたかったことです。以上です。

藤本　ありがとうございます。

貴志先生

日本における時間意識の転換

小豆畑　では高校側の教員の立場から、高校生、あるいは高校生に授業をおこなう教員だったらという観点から、何点か質問させていただきたいと思います。

まず石橋先生に質問したいのですが、グリニッジが標準として採用される会議の場での、アメリカ・イギリス対フランスの対立というのは当然だと思います。けれども、日本は、一八八四年という極めてはやい段階で国際会議に呼ばれて、素早く対応できていると思うんです。標準時間の一般化は普及がゆっくりだったというお話でしたが、何で日本だけがそんな素早い対応がとれたのでしょうか。

石橋　日本における時間意識の転換という観点で、おおむね説明が可能ではないかと思います。一八七〇年代頃から西洋式の時刻制度がまず導入されまして、明治の改暦がおこなわれて太陽暦が導入されます。時刻制度の大きな変更です。新しい政治体制ができていく中で、時間の秩序、制度も再編成されていくような時代です。江戸時代よりも前から不定時法という一日の区分が季節によって異なる時間の体系を

石橋先生

使っていたんですが、それが定時法という一日を二四時間で均等に分ける方法へ変わります。ヨーロッパだと中世にはすでに定時法に変わっていましたが、それが日本にも入ってくるということで、時間制度の改革や変化が大きく進められていた時代にあたっています。洋式の時計や懐中時計の普及、町なかに時計塔が設けられることもこの時期から始まっていきます。

私の講演でも報時球という装置についてロンドンの例などを紹介しましたが、報時球や大砲の空砲の音で時間を告げる午砲(ごほう)という装置もあります。そうしたヨーロッパで使われていた装置が日本に入ってくる状況で、時間を知る技術が少しずつ、とくに都市部を中心に変わっていく時代になっていました。時間に関する価値観という点でも、例えばサミュエル・スマイルズの『自助論』(*Self-Help*)という本があって、これはイギリスやヨーロッパ、さらに世界的によく読まれた本で、自分自身で努力すると社会的に成功できるといった教訓を説く本ですけれども、その中で時間の規律や時間意識はくりかえし説かれます。要するに時間を守らないと成功できないという強いメッセージがあります。こうした著作が日本語にもすぐ翻訳されて、日本の中でも部数が多く出ることで、西欧的な時間の価値観が少しずつ入ってきます。

あとは関係性が深いものとしては、鉄道路線が広がっていく時代にも入っていますので、欧米諸国と同じように日本でも時刻の統一化がやはり意識されてくる時代になっていたと考えられます。こうした社会の状況が背景にあって、それに加えて全体として日本の中で西洋化や近代化を推進する力が働いていたことで、日本は比較的早い時期にグリニッジ基準の子午線と標準時を確立したと思います。
ちなみに国際子午線会議に参加したのは菊池大麓(きくちだいろく)という数学者です。彼はケンブリッジに留学して、そこで近代数学を学んで日本にもどってきて、東大教授や文部大臣など教育行政の重要な仕事をしていく、日本の近代数学の開拓者のような位置づけにある人です。彼がワシントンに代表者として出かけていって、グリニッジに投票しています。
日本は(標準時の受容は)はやいと考えられ、なおかつ西洋化していたからだといいましたが、ヨーロッパのいくつかの国よりもむしろはやいぐらいです。一八九〇年代になりますとヨーロッパの大陸諸国が少しずつ変わっていきますが、それに先行していることは非常に興味深い事実と思っています。

小豆畑　ほかの先生方からも、何かありましたら、ご質問ください。

藤本　石橋先生、いまのご説明で、われわれの質問もそうですが、どうしてもアジアの中の日本みたいな形でみていたんですけれども、西欧化だとか欧米化とかといったときに日本の中でも地域差がかなりあると思うんです。たとえば服装でいうとかなり地域差があるとはよくいわれていて、授業でも扱いますけれども、時間の場合はどうなんでしょう、そういう研究とか何か。

石橋　標準時自体は設けられまして、制度的には同じ時間を日本全国で使うことにはなりますが、実態としては地域によって受容の違いといいますか、利用される時間が異なることは後の時代まで残っていったようです。日本の時間意識の歴史研究を読んでみますと、時間制度や意識が一律的に変わったと説明されることはまずないと思います。とくに都市部と農村の違いも大きく残っています。二十世紀に入っても時間の差や意識が残るような状態だったと思います。

伝え方が正しくなかったかもしれませんが、日本で全国的にいきなり均一化するとか、全世界的に均一化するというわけではなくて、もっとグラデーションがある状態だと考えています。（標準時に）変わっているところは確かに変わっていますが、一方では抵抗が大きい場所も世界的にあります。全面的に画一的に捉えるというよりも、多様性というか差異を考慮しながら、世界的な視座の中で考えることが最近の研究のあり方と思います。すっきりとした歴史像はなかなか出せないと考えています。

藤本　ありがとうございます。

「見えない労働」の原因

小豆畑　では次に私のほうから、石井先生におうかがいします。お話のなかの「見えない労働」という部分で、自分自身もおそらくバイアスをもっていると思います。そこで今後の授業を展開していく際に「見えない労働」という問題について、たとえばジェンダーですとか、宗教ですとか、社会の伝統ですとか、そういうことを切り口としたらどのように説明することが可能になるでしょうか。

石井　「見えない労働」の原因というか、現象として「見えない」労働というものがあるということで、この概念が生まれてきたと思うのです。その「見えない労働」ということも報告で説明させていただきましたけれども、一つに物理的に実際見えない、たとえば電話交換手とか電信技手が局で働いている姿というのを、利用者は実際にそこに行かないと見えないというものと、あともう一つに、たとえば社会学者A・ホックシールドの「感情労働」ですね、ほほえみとか気配りとか、あるいは職場の雰囲気をよくするユーモアとか笑いとか、そのような感情の管理、これまで「労働」として認識されていなかった諸々の行為も、「見えない労働」としていまでは認識されています。

ですので、「見えない労働」の原因はジェンダーという問題に限ったことではないといえます。宗教というのも、おそらく私の伝え方が不十分だったと思うんですが、今回、日本の職場文化ということで、かなり日本を特異なものとして事例化したようにみえたかもしれないのですけれども、これは完全に自動化が進むのは、戦後に持ち越された地域の中で生まれた職場文化ということであって、何も日本に儒教文化の背景があったからとか、仏教文化が背景にあったからというわけではなく、技術的制約の下で生まれた文化として職場文化を捉えて、そこでその「見えない労働」が存続していたというふうに考えています。

ただ、「見えない」ということはデメリットだけではなくてメリットもあるというようなことはお話ししたと思うんですけれども、たとえば年齢とか容貌とか、「見える」ということが重視される職業もありますが、そうではない職業というのは働き手の可能性が広がります。利用者と接触することがない、利用者から見られないということが、メリットになることもあります。戦前の日本とかドイツでもそうなのですけれども、欧米のミドルクラスの価値観として「リスペクタビリティ」という見方があって、ミドルクラスの体面を保つためにしてはいけないこと、してもよいことというのが暗黙のうちにあったわけなのです。たとえば結婚前の女性であれば、異性の利用者や同僚と接触するような店やデパートの販売員とか工場労働者は望ましい職業ではありませんでした。職場で男女が接触するということをよしとしない見方というのがあって、そうした足枷を嵌められた状況の中では、「見えない」仕事は非常にメリットの大きいものでした。先ほど、職場文化と宗教との関連は特段ないと言いましたが、宗教的な理由から家庭外就労の難しいムスリムの女性も、コールセンターのオペレーターの仕事は利用者から「見えない」ゆえに、家族から許容されやすいという研究もあります。また、利用者から「見える」職場では排除されやすい性的マイノリティやエスニック・マイノリティにも就労の可能性を広げているということが指摘されています。けれども労災の問題とか、先ほどの話の中に出てきた、電話局にまで乗り込んでくるストーカーのような利用者の問題は、顔が見えないだけに匿名性が高く、そのために「見えない」暴力も同時に発生する、そういう職場でもあると思うのです。

最後に自動化という観点で一つ補足させてください。日本の場合、報告でもふれましたが、電信の広範な自動化は戦後に持ち越されます。電話については関東大震災が一九二三年に起きて、電話線などのインフラは壊滅的になるわけです。これを復旧するというプロセスの中で、自動化が一部の地域では進められていくのですが、それは、通話が多い繁忙地域、つまり都市部です。田舎ではそれほど進まないわけです。しかも、太平洋戦争が勃発するというような外的状況の中で、全国に自動化が広がってダイヤル式に切り替わっていったのは一九七九年だといわれています。ですから、かなりの時間の幅をもって自動化が進んでいった地域もあれば、急速に進んだ地域もあったのです。ですから、先ほどの職場文化の話にもどしますと、自動化が限定的であったために、手動式の仕事に求められる「技能」が意味をもち続けた地域も少なくはなかったということです。

現代の通信を支える海底ケーブル

小豆畑　ありがとうございます。貴志先生、突然なんですけれども、今日のお話および史料の中で、生徒は皆、汪兆銘(精衛)のフォトレタッチをおもしろがると思うんですけれども(コラム参照)、素朴な疑問で、このレタッチは想像ですよね。

貴志　想像です。

小豆畑　なんであんなことをしちゃうんですか。

貴志　フォトレタッチをすると、皆同じような顔になっていくのです。描く人によっては丸を描いて点々を打って、だから元の人の顔が分からないんですけれども、とりあえず無難である。そういうところが一番おもしろくて、私もあの大量の漫画顔を新聞からトリミングしてコレクションにして、そのうち本にしようかなと思っているんです(笑)。

小豆畑　ではそのレタッチをやった人の個性で同じような顔になっていったということですか。

貴志　そういうことです。レタッチされている方の職人芸かと。会社によってはレタッチマンというのは非常に高給取りであった、専門職ですから、という話もあります。毎日新聞社で、いや、そんなお金は出ていなかったとかいう話は聞きましたけれども、企業によってはそういう職人として雇われていたということらしいんです。でも出来栄え（できば）はあの程度でした。

小豆畑　あと、お話の中に出ていた通信自主権という概念は、自分がいままで授業で説明したことのない、概念ですね。国の安全を守るとか、通商を守るという意味では大変に重要だと思います。

藤本　通信自主権は私も確かにと思ったんですけれども、いま現在、どうなんでしょうね。自主権、権という権利ではないかもしれませんけれども、インフラのことでいうと、そういうのがすごくちゃんとできているというか、確保できる、やっぱり国でそれは差があると思うんですけれども――現代の話は、まだはやいですか。

貴志　一つの問題として、無線の場合は長波にしても短波にしても、それからそのうち衛星通信というのが出てくるんですけれども、周波数を買うという、そういう国際交渉はしていかなければならない。そういったときに国の力はすごく重要になってくるので、ある国はお金持ちで意見もいうからたくさんもらおうという話になってくる。ところが海底ケーブルの場合は容量がそういった無線や衛星通信より大きいものですから、国だけでなく、民間が参入してくるようになる。実際、今の人たちはほとんど海底ケーブルでスマホを使っているということです。だいたい、比率からすれば皆さんはどれぐらいだと思いますか。つまり海底ケーブルと衛星通信との比率ですね。

小豆畑　海底ケーブルは九〇何％じゃないですか。

貴志　おっしゃるとおりです。九割以上が実は海底ケーブルを使って皆さんのスマホは動いているんです。そういったことで海底ケーブル、しかもかつて一九七〇年代以降、これは民営化されていきますのでテレコミュニケーションの会社のキャリアが使うんじゃなくて、投資会社などがさかんに参入する、あるいはグーグルみたいな会社がどんどん投資していって敷設会社を雇うという仕組みに、もう九〇年代ぐらいから変わってきているんです。劇的に変わっている通信状況というのが、実はスマホを使いながらもあまり理解されていないのです。

小豆畑　素朴な疑問ですが、海底ケーブルって、あんなに長いのが本当に海中にあるんですか。

貴志　海底ケーブルはどのルートを通すかというのが非常に重要で、海底火山のところとかは全部避けます。ですから火山だらけの日本海溝は通すところが限られてしまって大変です。そういうことを考えると、まず事前にどこに敷設するかということに莫大な調査時間をかけるんです。その調査をして、海底の図面とか、潮流とか、水温とか、いろいろな調査をするのにものすごい労力と時間をかける。今日お話いただいたような、海図の分析などを時間をかけてやります。

しかし、浅海ではケーブルは切れやすい。言うなら交易船とか漁船、流氷などによってブチブチ切れるわけです。温度変化の影響も受けやすい。初期の海底ケーブルはどうしても切れてはつなぎ、つないでは切られるという繰り返しだったわけです。

小豆畑　しかし、電気ってそんなに遠くまで届くものなんですか。それとも途中ところどころに増幅器とかをおかないといけないんですか。

貴志　無装荷送信ケーブルはまさに増幅器をつないでいって、電流の減衰を防ぐわけです。長いと電流が途中で低下していきますから、それを維持するために増幅させる。これはいまの光ファイバーのケーブルも一緒なんですけれど、増幅させながら長距離の多重通信を実現する、そういう仕組みが無装荷ケーブルの方式だったんです。

情報伝達と検閲

藤本　私から貴志先生に一つ質問がありまして、フォトレタッチのところなど教わったんですけれども、結局、いろいろ修整ができるとか、そういった話の中で検閲ですか、それはやっぱり授業などでも気になるところなんです。検閲というとどうしても、われわれ、古いものというか、昔のものと思いがちです。本当はいまでもあるんでしょうけれども、そういったことを含めてちょっと教えていただきたいのですが。

貴志　情報の時代を考えると、検閲をぬきには考えられないのですね。検閲というのは実態が非常に複雑で、ある機関の占有権であったわけではないんです。戦前はいわば時代こそが一つの国体といいますか、体制みたいなものであったというふうに考えていただいたほうがいいかと思っています。それは、形を変えて、いまもつづいています。

あまり知られていませんが、実は行政に対して軍部が検閲に関して圧倒するのは、太平洋戦争時期の四年間だけなんです。それまで検閲を担当していたのは、たとえば内閣情報部とか、陸軍だったら陸軍の情報部や憲兵司令部、それから海軍省であれば軍事普及部、有名な内務省であれば警保局の検閲課、外務省の情報課、それから逓信省の税務局税務課、警視庁特別高等部検閲課など非常にたくさんあったわけです。ただ、戦時中といえども縦割り行政だったのです。この縦割り行政を解消するために一九四〇年の十二月、第二次近衛文麿内閣のときにマスメディアの取り締まりと内外への情報宣伝機関を統合するために情報局がつくられるのですけれど、実は縦割り行政の内実はほとんど変わっていなかった。それが中央省庁の話であって、地域における検閲とは一体何だったかという研究が非常に少ないんです。

実は地域における検閲の実働部隊というのは、一九二〇年代に全国化する特別高等警察(特高)です。特高が三七年に治安維持法の改正によって、それまでのように共産主義者や社会主義者、無政府主義者だけでなく、三七年以降は一般市民も対象

> **特別高等警察（特高）**
> 1910年の大逆事件を契機に成立。1928年に全国に成立する。天皇制への反対、共産主義思想の普及などを対象として取り締まる公安警察の一部門。

になっていきます。さらに決定的な手段は、四一年の改正によって予防拘禁（こうきん）という方法が導入される。つまり、何かをやったから逮捕拘禁するのではなく、何かをやりそうだからつかまえてしまうという、そういうことが許されるような時代になる。つまり、だれに対しても名目さえつければつかまえることができるようになったのが四一年以降です。

その四一年といえば悪しき国防保安法というスパイ活動摘発法も施行されます。この国防保安法と予防拘禁がセットになって、特高はいつでも、どこでも、どんな方法でも事前に検挙するということが起こってきます。

ただ、今日の話と関わるのは、内務省警保局の図書課による新聞出版部の検閲や、逓信省による郵便検閲や、同省の電務局電務課による写真電送による検閲です。それら多様な検閲を考えるときに、太平洋戦争以降こそ、検閲が厳しくなるという事実を見据えて、一体何がその間に起こっていたかということを現代に生きる人びとにも考えてほしいのです。しかも検閲が厳しくなると、検閲の対象、数もふえていきます。ある統計によれば一九四三年の検閲数は一四万件に達していたのですけれど、そのうち不許可になったのはわずか一万二〇〇〇件ぐらい、つまり一割もなかったというのです。ものす

国防保安法

1941年に制定。一種のスパイ行為防止法。国家機密の漏洩やデマ・宣伝などの情報を防ぐ法律。警察の恣意的な権限を強化する根拠となった。

ごく非効率なことをしていたわけです。

藤本　ありがとうございます。

AIと歴史教育

小豆畑　では今日の講座、「いまを知る現代を考える」という講座の情報・通信・メディアという側面からの視点として、ぜひ高校生に限定せずにいまの日本社会に向けた提言というか、危機意識をもたなきゃいけないいんじゃないかということをおうかがいします。いまや高校生にとってネットはあたりまえで、何か聞かれるとすぐスマホでググっておしまい。レポートなんかも、もしかするとコピペが多いのではないかなと。そうした背景にAI（人工知能）がもうかなり普及しているということがあるかと思います。この後、それぞれのお立場からどのような事態が想像できるのか、また、われわれ大人としては何に気をつけなければいけないのかという点、何かありましたらぜひお考えをお聞かせいただきたいと思います。

貴志　これからAIが進むということは、当然ながらAR（拡張現実）やVR（仮想現実）、MR（複合現実）が創り出す私たちの、いうならば実社会、そし

VR（仮想現実）

バーチャル・リアリティは、コンピューターがつくる仮想世界を指す。VRゴーグルをつけることで、現実にはありえない世界を体験しているような錯覚を感じさせる。

AR（拡張現実）

スマートフォンやARグラスを通じて、現実世界と共存する別種の世界が見えてくるという技術。ポケモン・ゴーがその代表例。

て実生活の中に入り込んでいくだろうということが想定されます。生活だけじゃなくて、当然、学校現場にも入ってくるでしょう。ですから、そういう仮想現実と私たちの現実社会との違いをしっかり線引きさせることも歴史教育の非常に重要な役割になっていくのじゃないかと思うんです。

同時に、単純化されがちな仮想現実の浸透をきっかけとして、そこに歴史的思考を植えつけるという方法も現場は工夫していくべきかと思います。つまり、われわれはAIやARなどをどのように使ったら世界史の教育に役立つのかということにも取り組むべき時代になりつつある。これからは研究者だけでなく、学校の先生方、民間のデジタル技術の開発者などが協力して、ゲームや仮想現実のなかに、新しい研究成果や発見された資料などを盛り込んでいく。そういう試みはすでに世界では進んでいるんです。仮想現実をどうやって使えばいまの若い生徒に歴史をより身近なものとして捉えてもらえるのかということに対して、私たちももっと積極的に協力していくべきだろうと思うのです。

小豆畑　石井先生、ネットやAIに関して何かありますでしょうか。

石井　今日の私の話では、日本の戦前の職場に目を向けて、電信・電話というテクノロジーの自動化が進んでいない状況の職場で、労働者（オペレーター）がどう働いていたのかというところに焦点をあてましたけれども、では戦後その自動化が進んでいく中で、すべて問題は解決されるのかというと、そうではないと私は考えています。自分の研究を振り返っても、自動化された電信・電話が、人間が働きやすいように後押しをするとは限らず、その仕事そのものを不要にしてしまうという可能性もありえます。ＡＩを導入して、すべて自動化することではたして問題が解決できるのだろうかというと、私はテクノロジーがおかれている環境、そのテクノロジーをだれが、どういう目的で使っているのかという、テクノロジーを稼働させる人の部分にしっかり着目しないといけないというふうに思っているのです。

ＡＩというのは私たちの日常生活の中に入り込んで久しい存在です。金融とか人事とか医療の世界にも入っていて、皆さんもよくニュースでお聞きになっているかと思いますけれども、グローバル企業のアマゾンとかアップルとかマイクロソフトの例がよく知られています。アマゾンの人材採用システムで人事をおこなうと、女性が差別され、あらかじめ排除されてしまうとか、人種差別的な観点で、あらかじめ非白人が排除されていくとか、ＡＩといってもしょせん人間が開発して運用するわけで、最初にＡＩにインプットされたデータの中身というものを非常に批判的にみていく必要があると思うのです。

このＡＩのデータというのが、シリコンバレーの白人男性のバイアスがかかっているというふうによくいわれています。これは、歴史学の方法としての史料批判ともつながっていくのだと思うのですけれども、あるテクノロジーを――ここではＡＩですけれども――だれが一体どういう目的で、どういう背景なり価値観をもって設計、開発し、実用化しようとしているのかということまでみていく必要があります。あらゆる問題を解決する救世主であるかのように、テクノロジーに全幅の信頼をおくことは危険だと思います。

やはり大事なのは、自動化、テクノロジーの導入、ＡＩ化を際限なく進めていくというのではなくて、その際に私たちが守るべき重要な軸として、たとえば倫理とか哲学とか――私の研究範囲をこえますが――人を大事にするというか、人の生というものを中心に据える共通了解が必要だと考えています。この共通了解との兼ね合いの中で、テクノロジーの発達というのは許容されるべきだというふうに考えています。中心に据えるべき人間を、テクノロジーが飲み込んでしまっては元も子もないわけで、人間がよく生きるために――もちろん環境や動植物への配慮も大事ですが――テクノロジーをどう開発し、活用していくのかという、まさにそこが問われていると思います。歴史学を今後学んでいく若い人たちにとって、歴史学の作法として学ぶ史料批判が、こうしたアクチュアルな社会の問題を批判的に検証するトレーニングにもなっていってくれないかなというふうに期待しています。

「歴史総合」で磨く「根拠を探る力」

小豆畑　いま、高校の現場としては「歴史総合」というのが非常に問題になっていて、特徴の一つとしてまず問いを立てるということがあげられるのですが、私には、基礎知識がない高校生に問いを立てるというのは無理じゃないかなと思うのですが、先ほど貴志先生からＡＲについて言及がありましたけれど、歴史学の方法として知識がないところで問いは立てられるものなんですか。

貴志　私がつねづね学生にいっているのですが、問いを立てるところからすべて始まると考えるほうが自然だと思うのです。その問いは教員や学校が提供するものではない。私たちは、学生に問いを発見させるような導きというものをどうやったらできるのか。それを工夫させるような教材も必要だと申し上げたいわけです。世界にあるさまざまな議論について、君たちは、どう考えるかということを問いかけ、それぞれで考えてもらうこと、しかもその根拠をちゃんと説明してもらうという訓練が必要です。

たとえば、ウィキペディアは便利なツールですが、その情報を鵜呑(うの)みにするのではなく、このウィキペディアの情報の根拠は何ですかと問いかけ、学生に自分の考えていることの根拠を示させていくということが必要です。

ＡＩで気をつけなければならないところは、画一的なものに倫理や志向性をみちびいてしまうということなんです。そうではなくて、ＡＩ以外のところで価値観を多様化できるように自分を育てていくという、そういった歴史教育があってもいい。極端にいえば、歴史学にはマルバツという評価は、あまりふさわしくないように感じます。

小豆畑　いま、問いを立てるという歴史的な学習法について、石井先生、石橋先生、ご専門のほうから何かありましたら。

石井　このテーマの専門家というよりも、教員としての限られた経験から感じることなのですが、大学の授業は座学にかたよっているのではないかという印象があります。学生時代というのは、かつては余裕があって、自由な時間の中で思考したり、いろんな場所に実際に行ったりという余白があったと思うのですけれども、最近の大学生をみているとはやめはやめに就職活動、インターンシップをしないといけないとか、資格を取らなきゃいけないとか、何か時間に急かされているというか、生き急いでいる気がします。確かに、この間教育の重点も変わってきたこともあってか、外国語の会話力やディスカッション力は向上していますけれども、現実とはあまり向き合っていないというか、現実経験がとぼしいというか、自分の周り以外の、自分とはまったく違う「他者」とのふれ合いがないのか、根拠のない偏見ももっているという印象です。勤務している学部の特性もあるかもしれないですが、移民・難民への関心が高い学生が多い一方で、移民・難民というと、「偽装難民」とか「犯罪者」と結びつけて考える学生も中にはいます。こうした学生のふれている情報ソースというのも、新聞などのプリントメディアではなく、出典の不確かなネットニュース、ツイッターやインスタグラムなどのSNSに限られていて、しかも、こうした情報ソースを批判的に検証しないで、そのまま受け止めているような印象です。現実との関わりが希薄なので、根拠のあやしげな情報に遭遇しても、「これはおかしいな?」という感覚が育まれていないのかもしれません。一体どういうバックグラウンドをもった人や組織が、どういう目的で、その情報を発信しているのか、その政治的なスタンスや意図をおさえてから、「解読する」ような機会を提供する必要があると感じています。

小豆畑　ありがとうございます。石橋先生、何か。

石橋　大学で三年生や四年生の卒論の研究ですと、問いを立てて、それを解くような研究をしてください となりますが、それ以外のレクチャー形式の授業では一通り話をして、こちらが何か問いを立てて、それについて論述式で答えさせるような授業をしています。しかし、高校で問いを立てることをより意識する方向に進んでいますので、大学でも学生自身にもっと問いを考えさせることを、これを機に意識していきたいと思っています。

小豆畑　ありがとうございます。先生方のお話をうかがっていて、昔からいわれている史料批判という歴史学の方法が、いま、すごく重要じゃないかなと。エビデンス（根拠）は何かということを、いろいろな題材から、いろいろな角度から考える。いまは、根拠なしに、自分の感覚のみで発言する風潮があるのでは、と危惧しています。だから高校で世界史をやって、根拠を基に考えるということは、今後ますます重要になるなと思います。

貴志　理系の先生とお話をすると、エビデンスとデータというのがキーワードになるわけです。人文系にとっても同様で、エビデンスとデータは大事なことです。そこから「問い」を立てられるようになるには何より感性が問われます。とくに人文学では、感性を磨く訓練や思考方法が大事じゃないかと思います。近代日本の学校は、同調することを第一義に求めがちですが、むしろ多様な考えや姿勢、好みを尊重していく改革を進めるべきであるように思います。とにかく、感性を磨き、エビデンスやデータを用いたディベート能力を向上させていくことが大切です。

小豆畑　最後、歴史に対するモチベーションを上げるために非常にいい提言があり、明日からまた授業に反映させることができると思います。本日は貴重なお話、また、いろいろ突っ込んだ質問に答えていただきましてありがとうございます。まだおうかがいしたいことがあるんですけれども、もう時間になってしまいましたので、本日はこれで座談会を終了したいと思います。ありがとうございました。

執筆者紹介(執筆順)

貴志 俊彦 きし としひこ
京都大学東南アジア地域研究研究所教授、東京大学大学院情報学環客員教授
主要著書：『東アジア流行歌アワー ── 越境する音 交錯する音楽人』(岩波書店、2013年)、『アジア太平洋戦争と収容所 ── 重慶政権下の被収容者の証言と国際救済機関の記録から』(国際書院、2021年)、『帝国日本のプロパガンダ ──「戦争熱」を煽った宣伝と報道』(中央公論新社、2022年)

石橋 悠人 いしばし ゆうと
中央大学文学部教授
主要著書：『経度の発見と大英帝国』(三重大学出版会、2010年)、『ブリティッシュ・ワールド ── 帝国紐帯の諸相』(共著、日本経済評論社、2019年)

石井 香江 いしい かえ
同志社大学グローバル地域文化学部教授
主要著書：『電話交換手はなぜ「女の仕事」になったのか ── 技術とジェンダーの日独比較社会史』(ミネルヴァ書房、2018年)、「労働とジェンダー ── 交差する分業体制」『二つの大戦と帝国主義Ⅱ　20世紀前半(岩波講座　世界歴史21巻)』(共著、岩波書店、2023年)、『ハロー・ガールズ ── アメリカ初の女性兵士となった電話交換手たち』(監修、明石書店、2023年)

小豆畑 和之 あずはた かずゆき
東京都立西高等学校
主要著書：『新よくでる一問一答世界史』(山川出版社、2020年)、『歴史総合　近代から現代へ』(共著、山川出版社、2022年)、『世界史探究　高校世界史』(共著、山川出版社、2023年)

藤本 和哉 ふじもと かずや
筑波大学附属高等学校
主要著書：『大学入学共通テスト　世界史トレーニング問題集』(山川出版社、2019年)、『現代の歴史総合　みる・読みとく・考える』(共著、山川出版社、2022年)

山井 教雄 やまのい のりお
イラストレーター。P.4、11、42、65、75、115のイラスト
主要著書：『まんが　パレスチナ問題』(講談社現代新書、2005年)、『まんが　現代史』(講談社現代新書、2009年)

☜いまを知る・現代を考える
山川歴史講座の講演は、山川 YouTube
チャンネルでごらんいただけます。

いまを知る、現代を考える　山川歴史講座

情報・通信・メディアの歴史を考える

2023年10月10日　1版1刷　印刷
2023年10月20日　1版1刷　発行

編者———貴志俊彦・石橋悠人・石井香江

発行者——野澤武史

発行所——株式会社 山川出版社
〒101-0047　東京都千代田区内神田1-13-13
電話　03(3293)8131(営業)　8134(編集)
https://www.yamakawa.co.jp/

組版———株式会社 アイワード

印刷———株式会社 明祥

製本———株式会社 ブロケード

装幀———水戸部　功

ISBN978-4-634-44523-9
造本には十分注意しておりますが、万一、落丁本などがございましたら、
小社営業部宛にお送り下さい。
送料小社負担にてお取り替えいたします。
定価はカバーに表示してあります。